KB173656

통계학 超초입문

통계학 超 입문

초

다카하시 요이치(髙橋 洋一) 지음
오시연 옮김

청홍

ZUKAI TOKEIGAKU CHOU NYUMON
© Yoichi Takahashi 2018
Originally published in Japan in 2018 by ASA PUBLISHING CO.,LTD., TOKYO,
Korean translation rights arranged with ASA PUBLISHING CO.,LTD., TOKYO,
through TOHAN CORPORATION, TOKYO, and EntersKorea Co., Ltd., SEOUL.

이 책의 한국어판 저작권은 (주)엔터스코리아를 통해 저작권자와 독점 계약한 도서출판 지상사에 있습니다.
저작권법에 의하여 한국 내에서 보호를 받는 저작물이므로 무단전재와 무단복제를 금합니다.

서문

2~30대가 앞으로 '무엇을 배워야 하느냐'고 묻는다면 나는 다음 3가지를 꼽겠다.

바로 **어학**과 **회계학**, **수학**이다.

특히 요즘은 **수학 중에서도 '통계학'이 주목받는** 추세다.

인터넷 활용이 당연시된 이 시대에 방대한 자료를 수집하기란 식은 죽 먹기이지만, 그 자료를 처리하고 정리 그리고 이해하려면 통계학이 필요하다는 사실을 깨달았기 때문이다.

그런 이유로 수많은 통계학 입문서가 서점 진열대에 늘어서게 되었다. 그런데도 아사출판의 편집담당자는 이렇게 호소했다. 참고로 그녀는 중증의 숫자 알레르기를 앓고 있다.

"통계학은 너무 어려워요."

"책을 읽어도 무슨 말인지 하나도 모르겠어요."

"제발 공식 없이 이해할 순 없나요?"

숫자 알레르기로는 둘째가라면 서러운 그녀의 소망은 매번 한결같았다. 지금까지 경제학과 회계학에 관한 책도 이런 경위로 출간되었다.

사실 이 분야에 대한 '입문서'로 나온 서적 중 상당수는 초보자가 읽기에는 지나치게 복잡하거나 전문적이다.

그러니 무슨 말인지 모르겠다고 하소연하는 모습이 이해가 갔다.

경제학은 어렵다.

회계학은 어렵다.

그 오해를 풀기 위해 나는 펜을 들었다.

그런데 말이다.

이게 '통계학'이 되면 이야기가 달라진다.

'통계학'은 실제로도 어렵기 때문이다.

숫자와 통계학은 찰떡궁합

통계학은 어렵다.

고로 일부 내용만 잘라내어 전체 내용을 이해할 수 있는 공략법도 없다.

통계학을 어렵다고 느꼈다면 그것은 오해가 아니라 그야말로 사실이다.

원래 통계학이라는 학문은 수학 분야에 속한다. 수식을 활용해서 이해하는 것을 전제로 한다. 통계학에서 수학과 수식은 '언어'다. 따라서 그걸 빼놓고는 통계학을 이해할 수 없다.

언어를 익히지 못했으니, 그 언어로 쓰인 책을 아무리 읽어도 이해하지 못하는 것이 당연하다.

'숫자를 보면 골치가 아프다'고 호소하는 숫자 알레르기 사람들에게 통계학을 배운다는 행위는 마치 알레르기의 근원에 몸을 던지는 것과 같다.

그럼 이렇게 어려운 통계학을 다룬 책이 왜 지금 잘 팔리는 걸까? 아마 사람들이 통계학을 이해하지 못하기 때문일 것이다. 통계학 서적을 펼쳤지만 무슨 말인지 몰라서 도중에 포기하고 다른 책을 찾는다. 그중에는 수식을 별로 사용하지 않고 설명하는 책도 있다. 그래서 그 책을 읽으면 통계학에 대해 좀 알 것 같은 기분이 든다.

하지만 그것은 **'일종의 착각'**이다.

그런 책은 끝까지 읽어도 통계학이라는 관점에서 사물을 생각할 수도 없고 비즈니스에서 통계학을 활용할 수도 없다.

나는 그렇게 사람을 착각하게 하는 책을 쓰고 싶지 않았다.

그렇다고 해서 통계학에 대해 전문적인 내용까지 쓰면 그것이 기초 단계여도 앞에서 나온 편집담당자를 비롯해 일반 독자들은 대부분 혼란에 빠질 것이다.

통계학은 그만큼 어려운 학문이다.

우리 주변에서 볼 수 있는 통계학의 은혜

그런데 **통계학은 예부터 우리 실생활 곳곳에서 활용**됐다.

예를 들어 **TV 시청률**을 보자.

시청률 조사업체에 따르면 일본의 관동지역은 약1800만 세대가 있지만 실제로 조사하는 세대는 겨우 9백여 세대라고 한다. 이 숫자를 보고 어떤 생각이 드는가?

2만분의 1에 불과한 샘플로 정말 정확한 시청률을 산출할 수 있을까?

이런 의문은 통계학을 모르기 때문에 생긴다. 통계학을 안다면 그렇게 생각하지 않을 것이다.

전수 조사하지 않아도 전체상을 어느 정도 파악할 수 있다. 통계학이 그것을 가능하게 한다.

통계학은 시청률을 조사할 때만 활약하지 않는다.

알기 쉬운 다른 예로 **선거 출구조사**가 있다.

국회의원 선거를 한 당일 밤, 방송사는 개표가 끝나기도 전에 당선 확정자를 내보낸다.

이게 대체 어떻게 된 일일까? 방송은 개표 작업을 막 시작했을 때 시작한다. 그런데도 후보자 가운데 '당선이 확실한' 사람을 찾아서 내보낸다. 어떻게 이런 일이 가능할까?

그것은 각사가 출구조사를 실시하기 때문이다.

출구조사란 한마디로 투표소에서 투표를 마치고 나오는 사람들을 붙잡고 '누구에게 투표했나요?', '어느 정당에 투표했습니까?'라고 묻는 것이다.

하지만 모든 사람에게 물어볼 수도 없고 그 질문을 받은 사람이 모두 대답해 주지도 않는다.

그래도 어느 정도 샘플을 확보할 수 있으면, 개표가 종료되기를 기다리지 않고도 당선자를 추릴 수 있다.

이 또한 통계학 덕분이다.

'알 것 같다'에서 멈추었는가

통계학은 어렵다.

배우면 배울수록 복잡하고 난해하다. 게다가 독자들은 수학자가 아니므로 수식을 보면 거부감이 든다. 다시 말해 '누구나 쉽게 이해하는 통계학 입문서' 따위를 쓰지 못하는 이유는 셀 수 없이 많다는 뜻이다.

하지만 아무리 불가능하다고 해도 편집담당자가 그런 책을 만들어 달라고 한다. 어떻게 좀 안 되겠냐고 조르는 것이다. 그래서 생각해봤다.

통계학은 어렵다.

하지만 통계학은 우리 생활 곳곳에 존재한다.

앞서 말한 시청률이나 출구조사의 원리를 이해하는 것은 통계학 중 난이도가 높은 부분을 건드리지 않아도 가능하다.

앞에서도 강조했지만 통계학은 어려운 학문이다. 그래서 기초 단계조차 제대로 이해하는 사람이 그리 많지 않다. 아니 통계학을 어느 정도 안다고 생각하지만 사실은 그것을 써먹지 못하는 사람이 너무 많다.

나는 이 책을 선택한 독자 여러분이 '안다고' 착각하는 상태에 머무르지 않기를 바란다.

그래서 이렇게 생각했다.

통계학의 기초라고도 할 수 없는 초보 중의 초보, 그 맛을 살짝 핥아보는 수준만 되새김질하며 하나하나 친절하게 설명하기로 했다.

중학교 수학을 제대로 이해하고 있다면 간신히 알 수 있는 범위만 다루기로 한 것이다.

그러므로 이 책을 읽으면 누구나 통계학을 활용할 수 있다는 말은 절대로 할 수 없다.

하지만 '왜 전수 조사를 하지 않아도 전체상을 어느 정도 파악할 수 있는가'라는 이른바 **'통계학의 존재 가치'를 실감**하게 할 수는 있다. 내가 통계학을 중요한 학문이라고 생각하는지도 이해하게 될 것이다.

초(超)기초 수준의 통계학만 알아도 세상을 보는 관점이 바뀐다.

사람들이 얼마나 쓸데없는 일을 하는지, 얼마나 비효율적인 일을 하는지 알아차릴 수 있다.

통계학의 도입부만 이해해도 여러분의 지식수준은 한 단계 올라갈 것이다.

그때 **종이와 연필을 갖고 직접 계산해보자.**

수학이나 통계는 눈으로 책의 내용을 읽기만 해서는 결코 이해하지 못한다.

스스로 직접 해봐야 알 수 있다.

그러면 이 책을 만든 방식을 살펴보자.

내가 수학을 잘못하는 사람(즉 담당편집자)을 대상으로 실제로 종이에 계산을 하면서 강의하고 강의를 들은 사람이 그 내용을 바탕으로 초고를 썼다. 그리고 최종적으로 내가 수정해서 이 책을 완성했다. 왜 그런 방법으로 책을 썼을까? 그렇게 해야 수학에 자신이 없는 사람도 쉽게 읽을 수 있으리라 생각했기 때문이다.

그러므로 수학을 좀 하는 사람이 보기에는 거슬리는 부분이 있을지도 모른다.

하지만 이 책의 목적은 숫자 알레르기가 심한 사람이 '이런 거였구나'하고 대략 이해할 수 있게끔 하는 것이다. 그 점을 고려하며 이 책을 읽어주기를 바란다.

이 책은 통계학 입문서를 읽었지만, 그 내용을 이해하지 못한 사람을 대상으로 썼다. **통계의 초보 중의 초보라는 아무도 해보지 않은 일에 도전**했다.

이 책의 내용을 이해한 다음에는 어떤 통계 입문서도 끝까지 읽을 수 있을 것이다.

초보 중의 초보 수준이지만 진지하게 그 방법을 익히면 당신은 통계학이라는 무기를 장착하게 될 것이다.

그렇게 되리라 믿고 이 책을 끝까지 읽어나가길 바란다.

목차

3장

이항분포

—세상의 '온갖 현상'이 여기에 있다

4장

정규분포와 이항분포

—중요한 두 분포는 어떤 관계인가?

5장

시청률 · 출구조사의 원리

—세상의 수수께끼를 통계학으로 해명한다

프롤로그

'통계학'이 뭐지?

— '돈'과 '노동력'의 낭비를 막는다!

통계학에 대해 사람들이 '오해하는 것'

그럼, 이제부터 통계학의 기초를 알아보겠다. 그런데 독자 여러분은 '이 세상에 통계학이 어떻게 쓰이는지' 구체적인 이미지를 갖고 있는가?

통계학을 잘 모르는 사람은 흔히 이렇게 생각한다. 통계학은 컴퓨터와 인터넷이 보급됨에 따라 발전한 빅데이터 등의 방대한 데이터를 신속하게 처리하는 데 활용된다는 오해다.

물론 그런 면도 있지만 그것은 기술혁신에 따라 극히 최근에야 활성화된 이용 방식이다.

기존의 '통계학'과는 다소 결이 다르다고나 할까.

독자 여러분이 일상에서 접하는 '통계학의 대표 주자'라 하면 앞에서도 말한 TV 시청률 조사가 있다.

일반적으로 '시청률'이라고 하면 '세대 시청률'을 가리킨다.

2018년, 일본의 세대수는 약 5800만이라고 한다. 그중 몇 세대가 그 프로그램을 봤는지 수치화한 것이 시청률이다.

앞에서도 말했듯이, 모든 세대에 시청률을 조사하는 장비가 설치되어 있진 않다.

시청률 조사 업체의 발표에 따르면, 1800만 세대인 관동지구의 샘플 세대수는 고작 900, 관서지구, 나고야지구는 각각 600, 그 외 지역을 모두 합쳐도 총 6900세대에 불과하다.

일본의 전 세대수는 약 5800만 세대이니 샘플 수는 고작 8400분의 1인 셈이다.

통계학을 이해하는 사람은 이 샘플 수를 근거로 통계를 낸 시청률 수치를 보고 '타당하다'고 받아들인다. 하지만 **통계학을 잘 모르는 사람은 '전수 조사를 하지도 않았는데, 이 수치가 맞는지 어떻게 알아?' 라고 의문**을 품는다.

물론 이 책은 후자인 분들에게 **통계학이란 대체 어떤 것인지** 알려주려는 목적으로 쓰였다.

시청률이나 선거 출구조사가 그렇듯이 어떻게 한정된 샘플 수로 전체상을 파악할 수 있을까? 장담하건대, 이 책을 끝까지 읽으면 그 점을 이해할 수 있다.

하지만 일단 **'통계학이란 어떤 것인가'**를 대충 느낌으로 알 수 있도록 시청률을 예로 들어 간단히 설명하겠다.

극단적인 이야기지만 만약 시청률 조사 장비가 TV를 1대 소유한 1세대만 설치되어 있다면 어떻게 될까? 우리는 그 세대가 방송을 '봤는지 안 봤는지'밖에 알 수가 없다.

즉 이 데이터에서 산출되는 시청률은 0% 아니면 100%이다.

진짜 시청률, 다시 말해 전수 조사를 했을 때 산출되는 시청률과 엄청난 차이를 보일 것이다. 그럼 다음으로 1세대를 추가해서 2세대를 조사하면 어떻게 될까?

2세대를 A세대, B세대라고 하자. 그리고 방송을 봤다면 ○, 보지 않았다면 ×로 표기할 때, 결과는 다음 4가지 경우를 생각할 수 있다.

[도표 1]

A세대	○	○	×	×
B세대	○	×	○	×
시청률	100%	50%	50%	0%

이 4가지 경우는 실제로 측정하면 각 경우가 일어날 확률에 따라 방송 시청률이 달라진다.

2세대를 근거로 산출한 시청률은 0%, 50%, 100% 중 하나에 해당한다.

실제 시청률과 확연히 차이가 난다는 점은 같지만 그래도 1세대만 조사하는 것보다는 낫다.

그러면 샘플이 3세대일 때는 어떻게 될까?

[도표 2]

A세대	○	○	○	×	○	×	×	×
B세대	○	○	×	○	×	○	×	×
C세대	○	×	○	○	×	×	○	×
시청률	100%	67%	67%	67%	33%	33%	33%	0%

도표 2처럼 시청 패턴이 8가지로 늘어난다. 그러면 시청률을 계산해보자.

- 3세대가 그 방송을 봤다 ·········100%
- 2세대가 그 방송을 봤다 ·········67%
- 1세대만 그 방송을 봤다 ·········33%
- 한 세대도 보지 않았다 ···········0%

이렇게 분류된다.

사실 현실과 크게 차이가 나긴 하지만 1세대나 2세대를 조사할 때보다는 조금이나마 실제 시청률에 가까워졌다고 할 수 있다.

이런 식으로 4세대, 5세대 … 100세대, 1000세대, 1만세대 등 샘플 수가 늘어날수록 실제 시청률과 샘플을 통해 산출된 시청률과의 차이가 점점 줄어든다.

전부를 조사하지 않아도 전체상을 어느 정도 알 수 있다

그러면 전수 조사를 하지 않아도 샘플 수가 많으면 실제 시청률을 알 수 있을까?

샘플 수만 충분하면 통계학을 이용해서 전체상을 완벽하게 파악할 수 있을까?

엄밀하게 말하자면 그렇지 않다. 샘플 조사와 전수 조사에는 아무리 해도 차이가 생기기 때문이다. 그 차이를 0으로 할 수는 없다.

그러나 통계학을 이용하면,

"이 정도로 샘플을 모으면 실제 값과 ±1% 차이가 난다."

"이 정도로 샘플을 모으면 실제 값은 99% 범위 안에 들어간다."

이 정도의 차를 알 수 있다.

다시 말해 **전수 조사를 하지 않고 약간의 샘플 데이터만 있으면 전수 조사한 결과와 거의 비슷한 수치를 산출할 수 있다.**

이것이 통계학이다.

그러면 한 번 생각해보자.

1800만 세대분의 데이터를 모은 경우와 겨우 900세대분만 모은 경우, 각기 계산해서 도출한 결과 값이 거의 같았다면?

1000세대를 조사한 경우와 900세대를 조사한 경우의 시청률 차이를 비교해봤더니 거의 차이가 없었다면?

굳이 돈과 노동력을 들여가며 방대한 데이터를 모을 필요가 없다. 그것은 낭비다.

통계학은 '이 낭비'를 깔끔하게 제거해준다.

통계학은 '편향되지 않을 것'이 전제

통계학은 적은 비용과 노동력으로 거의 정확한 전체상을 파악할 수 있다. 그런데 '거의 정확한' 결과를 도출할 수 있는지는 샘플을 선택하는 방법에 달려 있다.

예를 들어 시청률 조사를 할 때, 그 집에서 사는 사람이 어느 방송을 보는지는 연령대나 가족 구성에 따라 다르기 마련이다. 그런데 샘플 대상을 20대 젊은이만 수집하거나 70대 이상인 고령자만 수집하면 편향된 결과가 나올 것이다. 즉, 샘플이 편향되면 정확한 결과를 낼 수 없다는 말이다.

그러므로 **통계학자는 편향되지 않은 샘플을 추출하는 것을 무엇보다도 중시한다.**

신문사나 방송사는 종종 여론 조사를 한다.

대개 전화 조사 방법을 이용한다. 여기저기 일반 가정에 전화를 걸어서 정치 문제나 당시 화제인 시사 문제에 대해 질문하고 여러 선택지 중 하나를 고르게 한다.

그때 누구에게 전화할지는 무작위 추출로 결정된다. '무작위'이므로 모든 사람이 공평하게 선택될 가능성이 있다.

그러면 어떤 기법으로 '무작위' 추출을 할까? 옛날에는 전화전호부를 이용했다.

지금은 전화번호부가 있는 집이 오히려 드물지만, 고정전화가 거의 모든 집에 있었을 때는 전화번호부를 펼치면 필요한 전화번호를 대부분 찾을 수 있어서 매우 편리했다.

그러면 전화번호부로 어떻게 무작위 추출을 할까?

한 사람이 전화번호부 페이지를 넘기고 다른 사람이 멈추라는 시점에 나온 페이지에서, 또 다른 사람이 번호를 골라 그 번호로 전화를 건다.

이 방식은 어떨까?

—얼핏 보기에는 무작위가 가능할 것 같지만, 실제로 해보면 전화번호부의 첫 페이지나 마지막 페이지에 기재된 번호는 거의 선택되지 않고 중간 부분에 몰리기 쉽다.

그러면 이 방식은 어떨까?

먼저 전화번호 한 개를 적당히 고른다.

임의의 페이지의 몇 번째 줄에 있는 전화번호를 고른 다음, '그 번호에서 50번째'라거나 '그 페이지에서 15페이지 뒤'라는 식으로 규칙을 정하고, 번호를 선택한다.

이 방식은 무작위추출법 중에서도 계통추출법이라고 한다. 30여 년 전에 흔히 쓰였다.

그러나 요즘 시대에는 전화번호부를 이용해서 무작위 추출을 하는 방식은 적합하지 않다.

휴대전화가 보급되었기 때문이다. 남녀노소 할 것 없이 거의 모든 사람이 2G폰이든 스마트폰이든 한 대는 갖고 다니게 되면서, 고정전화를 놓지 않는 집이 늘어났다. 이제 고정전화는 고령자만 있는 가정이 아니면 여간해선 눈에 띄지 않는다.

또 개인정보보호라는 관점에서 전화번호부에 전화번호가 나오지 않도록 요구하는 사람도 많다.

그런 이유로 지금은 컴퓨터로 숫자를 무작위로 조합하여 전화번호를 만들어내고, 그 번호에 걸어봐서 상대방이 조건에 맞으면 조사를 요청하는 RDD(Random Digit Dialin) 방식이 주류를 이룬다. 또 2016년부터는 휴대전화도 같은 방법으로 조사하게 되었다.

사실 고정전화 번호에서 추출된 샘플은 주로 고령자로 그 대상이 한정된다는 점에는 변함이 없다. 그리고 휴대전화에 전화를 걸어도 등록되지 않은 번호가 뜨면 휴대전화 주인이 전화를 받지 않을 수도 있다.

그러므로 **'무작위'라고는 하지만 다소 편향되는 것은 피할 수 없다.**

통계학은 한쪽으로 편향되지 않은 샘플링 조사를 전제로 한다.

물론 예를 들어 연구 분야에서도 편향성이 있는 조사를 하면 그 조사에 어떤 의도가 숨어있다고 의심받을 것이다. **데이터가 편향되어 있는지 판단하거나 어떻게 하면 편향되지 않도록 할지 연구하는 것**

도 통계학의 일종이다.

편향된 데이터가 필요할 때도 있다

그런데 편향된 데이터야말로 의미가 있는 경우도 많다.

특히 **비즈니스에서 통계학을 이용하는 경우에는 편향된 데이터를 수집하는 것이 중요**하다.

예를 들어 책을 샀는데, 그 책에 설문조사 엽서가 끼워져 있다고 하자.

설문 내용은 여러 가지겠지만 출판사가 원하는 것은 구매자에 대한 정보다.

그 저자나 장르를 지지하는 독자가 어떤 점을 재미있다고 생각하고 어떤 곳에 흥미를 느끼는지 파악하고 싶기 때문이다. 수집한 정보는 다음 작품에 활용할 수 있다.

지지층에 관한 정보는 편향성이 있는 정보다. 통계학적으로 보면 문제가 있지만 출판사에게는 가치가 있다.

다만 그 정보를 다룰 때는 통계학이 필요하다.

출판에 종사하는 사람들은 대개 인문계여서 통계학과 접점이 있었던 적이 별로 없다.

그러므로 설문용 엽서를 모아도

"이런 의견이 많은 것 같아."

라는 막연한 인상만으로 결론을 내리기 쉽다.

"엽서가 몇백 장도 아니니 느낌으로 결론을 내도 충분해."

이런 생각을 하는 모양인데 이것은 대단한 착각이다.

엽서가 몇백 장은 되어야 통계를 내는 의미가 있다고 생각하는 것 자체가 아마추어적이다. 통계학을 잘 이해하는 사람은 엽서가 적을 때야말로 통계학이 등장하는 의미가 있다고 생각한다.

사실 그 방법은 수학을 잘 모르는 사람에게는 지나치게 어려우므로 여기서는 굳이 설명하지 않겠다. 실제로 그 방법을 써먹고 싶다면 전문가에게 부탁하자.

다만 수학을 좋아하는 사람이면 누구나 통계학을 할 수 있는 것도 아니다.

통계학에 대한 개요 정도는 설명할 수 있을지도 모르지만, 그 분야의 전문가가 아니면 실제로 활용하기 힘들다. 아니 숫자를 다루는 전문가조차 통계학은 어렵다.

예전에 자민당의 한 의원이 자민당 SNS 공식 계정에서 등록자를 대상으로 '향후 자민당에 바라는 정책은 무엇인가'라는 설문조사를 한 적이 있었다.

이에 대해 '이 조사로 모은 데이터는 편향되어 있으므로 의미가 없다'고 비판한 학자가 있었다.

하지만 그것은 그렇지 않다.

이 학자는 모든 일에 공평한 정책을 펼쳐야 한다는 취지로 발언했겠지만 자민당은 자민당을 지지하는 사람이 원하는 바를 조사한 것이다. 그야말로 통계학을 전혀 모르는 사람이 낼법한 의견이다.

자민당의 SNS에 등록한 사람 중 상당수는 자민당 지지자라고 추정할 수 있다.

자신을 지지해주는 사람들이 무엇을 바라는지 파악하는 것이 왜 의미가 없겠는가.

여당은 당연히 여당의 지지자를 대상으로 한 정책을 펼친다. '그런 여당은 말도 안 된다'고 생각한다면 선거를 통해 의사표시를 하면 된다.

학문적으로는 통용하는 상식이 현실 세계에는 적용되지 않는 경우가 있다.

그럴 때 유연하게 대처하려면 머리가 말랑말랑해야 한다.

무작위는 의외로 어렵다

여기서 무작위 추출을 한다는 것은 어떤 작위도 있어서는 안 된다는 뜻이다.

그런데 완벽하게 무작위(Random)인 경우가 있을까?

다음 문제를 풀면서 '무작위'란 어떤 것인지 실제로 알아보자.

예제

1~20 사이의 20개의 수가 있다.
다음 10개의 칸에 무작위로 숫자를 채워 넣어라.

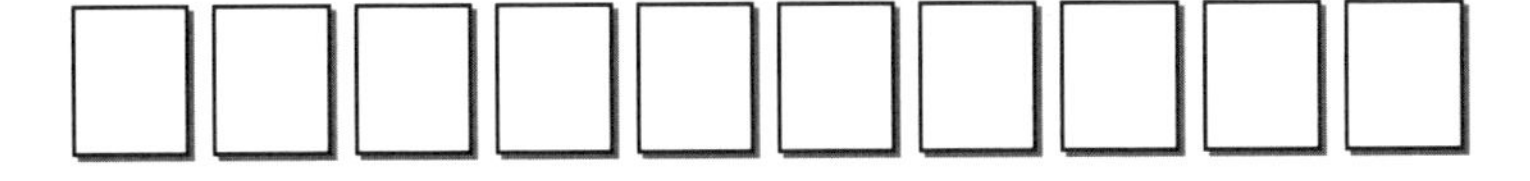

이것은 머리가 좋고 나쁨과 전혀 상관없다. 단순히 무작위로 10개의 숫자를 고르면 된다. 정말 간단하다. 이 정도라면 일부터 종이에 쓰지 않아도 머릿속에서 10개를 골라도 된다.

…자, 다 되었는지?

그러면 여러분이 무작위로 고른 10개의 숫자를 보면서 다음 내용을 확인해보자.

다양한 관점이 있겠지만 일단 2가지만 다루자.

① 모두 다른 숫자를 골랐다.
② 숫자가 작은 순으로 나열되었다.

이 중 어느 하나에 해당하거나 또는 둘 다 해당하지 않는다면 여러분이 고른 숫자는 무작위가 아니다.

20개의 숫자에서 무작위로 10개를 고른다는 것은 정이십면체 주사위에 1부터 20까지 숫자를 쓴 다음 굴려서 나온 숫자를 쓰는 것과 같다.

[도표 3]

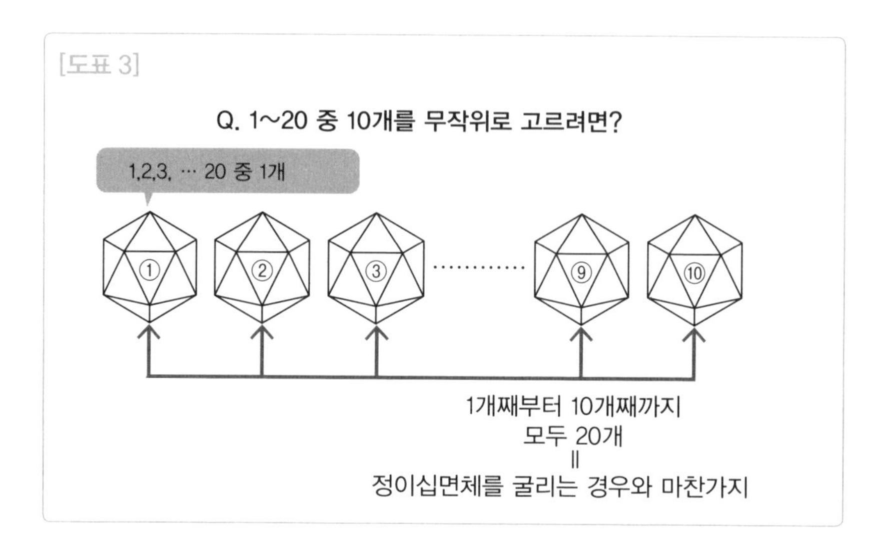

정이십면체의 주사위를 10번 굴릴 때, 각 회당 나올 숫자는 20가지이므로,

$$20\times20\times20\times20\times20\times20\times20\times20\times20\times20$$
$$=10,240,000,000,000$$

이렇게 많은 패턴이 존재한다.

한편으로 ①의 조건을 충족하는 조합을 살펴보면, 1회째에는 20가지, 2회째에는 1회째의 수를 제외한 19가지, 3회째에는 18가지가 되므로,

$$20 \times 19 \times 18 \times 17 \times 16 \times 15 \times 14 \times 13 \times 12 \times 11$$
$$= 670,442,572,800$$

정이십면체의 주사위를 10번 굴리는 횟수 10,240,000,000,000보다 적은 670,442,572,800가지밖에 없다는 말이다.

굉장히 많은 수라고 생각할 수도 있지만 완벽하게 무작위인 경우에 비하면 적은 수이며 상당히 편향되어 있다.

②의 조건을 충족하는 조합의 수는 독자 여러분에게 숙제로 남기겠다.

'무작위'라는 것을 적당히 엉망진창으로 하면 된다고만 생각하는 사람이 있는데, 아무 작위 없이 그렇게 하기란 의외로 어렵다.

완벽하게 마구잡이로 하는 것은 어려운 것이다.

지금은 컴퓨터로 순식간에 무작위로 숫자를 고를 수 있게 되었지만 테크놀로지가 발달하지 않았을 때는 전화번호부를 이용해 무작위 추출을 했다고 앞에서 설명했다.

아마 번거로운 방법이지만 그렇게라도 해야 할 만큼 무작위는 쉽지 않다.

과부족 없이 하기도 어렵다

인간이 완벽하게 '무작위'로 하는 것은 어렵다.

그런데 **모든 내용을 파악하고 과부족 없이 써내는 것도 그에 못지 않게 어렵다.**

종종 프레젠테이션을 하는 자리에서,

"이 일에 대한 과제를 꼽자면 3가지입니다."
"이 사업의 문제점을 정리하면 4가지입니다."

라는 식으로 말하는데, 그 내용이 넘치지도 부족하지도 않게 정리된 경우는 매우 드물다.

반면 그렇게 할 수 있는 사람의 이야기는 어떤 화제를 논리적으로 전개하며 중복된 내용도 없으므로 무척 설득력이 있다.

여러분은 어느 쪽일까? 그것은 수학 능력을 보면 어느 정도 알 수 있다.

다음과 같은 문제를 풀어보자.

예제

1~6까지 숫자가 쓰인 카드가 6장 있다. 그중에서 3장을 고른다면 몇 가지 방법으로 고를 수 있는가?

자, 고등학교 수학을 잘했던 사람이라면
"이건 조합인가? 아니면 순열? 공식이 뭐였더라?"

예전 기억을 쥐어짜고 싶겠지만 그렇게 하지 않아도 된다.

수학 문제가 나오면 공식을 생각해내려고 하는 것은 수학을 못하는 사람이 하는 행동이다.

수학적 사고의 방향성을 아는 사람은 공식을 기억하지 못해도 문제를 풀 수 있다.

실제로 나는 대학에서 수학을 전공했지만 수학 공식을 거의 기억하지 못한다.

하지만 어떻게 생각하면 되는지, 어떤 방향으로 생각하면 답을 도출할 수 있는지는 알고 있다. 그래서 공식 같은 걸 몰라도 문제를 풀 수 있다.

이 문제도 생각할 수 있는 모든 조합을 써보면 된다. 수가 많으면 시간이 걸리긴 하지만 몇 분이면 끝난다. 시간제한이 있는 시험도 아니고 약간의 수고를 들이면 할 수 있는 일이다.

자, 종이와 연필을 준비해서 직접 한 번 써보자.

모든 경우를 과부족 없이 쓸 수 있을까?

답은 도표 4와 같다.

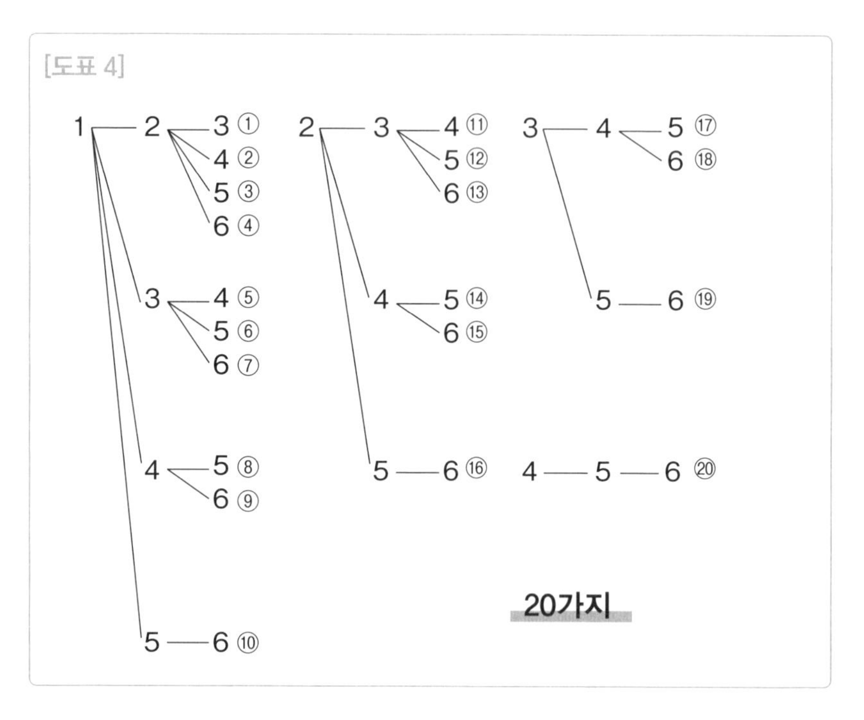

써보면 금방 알 수 있다.

답은 20가지다.

이것이 수학의 아름다움이다.

1장

히스토그램, 평균값, 분산, 표준편차

— '통계학'은 여기서부터 시작하자!

가장 대중적인 통계학 '히스토그램'

누구나 할 수 있는 주사위 히스토그램

이제 통계학이 어떤 것인지 막연하게나마 알았을 것이다. 그러면 좀더 통계학다운 방법을 시도해보자.

원 데이터를 수집했고 그것을 통계학을 활용해 해석할 때는 몇 가지 방법이 있다.

그중에서도 가장 대중적인 방법은 히스토그램을 그리는 것이다.

독자 여러분에게 친밀한 용어를 쓰자면 막대그래프다.

통계학 용어를 사용해 설명하자면 **세로축이 '도수', 가로축이 '계급값'인 통계 그래프다.**

그런데 데이터만 있으면 당장 히스토그램을 만들 수 있는 것은 아니다. 몇 가지 과정을 거쳐야 한다. 게다가 '도수'는 무엇이고 '계급값'은 또 무엇일까?

히스토그램을 작성하려면 수집한 데이터를 바탕으로 최소한 도수와 계급값을 도출할 수 있어야 한다.

그러면 데이터를 어떻게 다루어야 히스토그램을 작성하는 데 필요한 정보를 얻을 수 있을까?

히스토그램은 주사위를 예로 들면 가장 설명하기 쉽다.

여기에 모든 면이 나올 확률이 똑같은, 즉 편향성이 없는 주사위가 있다고 하자.

아주 잘 만들어져서 어느 한 면만 자꾸 나올 일이 없는 정교한 주사위다.

이 주사위를 3번 굴려서 나온 숫자를 기록하는 실험을 하자. 주사위에는 1~6까지 쓰여 있고 3번 굴렸을 때 나오는 숫자는 각각 6가지이다.

$$6 \times 6 \times 6 = 216$$

한 번 실험을 할 때마다 3개의 숫자가 조합되는 것은 216가지다.

'111'이 될지 '666'이 될지는 모르지만 어떤 조합이 되건 216분의 1의 확률로 나온 숫자다.

이때 각각의 조합을 1~216번까지 번호를 매긴다. 예를 들어 '111'이 1번, '112'가 2번, 이렇게 숫자가 작은 순으로 번호를 매겨서 마지막 '666'을 216번으로 한다.

자, 이렇게 해서 주사위를 던지는 실험을 1만 번한다면, 1~216까지 번호가 매겨진 조합이 나오는 횟수는 어떻게 될까?

1번에 3번 주사위를 던져야 하므로 1만 번 실험에는 주사위를 총 3만 번 던져야 한다. 그러면서 3만 번에서 나온 숫자를 전부 기록해야 한다.

사실 이 실험은 수십 명이 붙어서 시도하면 할 수 있기는 하다. 시간이 많은 사람은 한 번 도전해 봐도 되겠지만, 여기서는 결론만 말하자.

결과는 도표 5와 같다.

[도표 5]

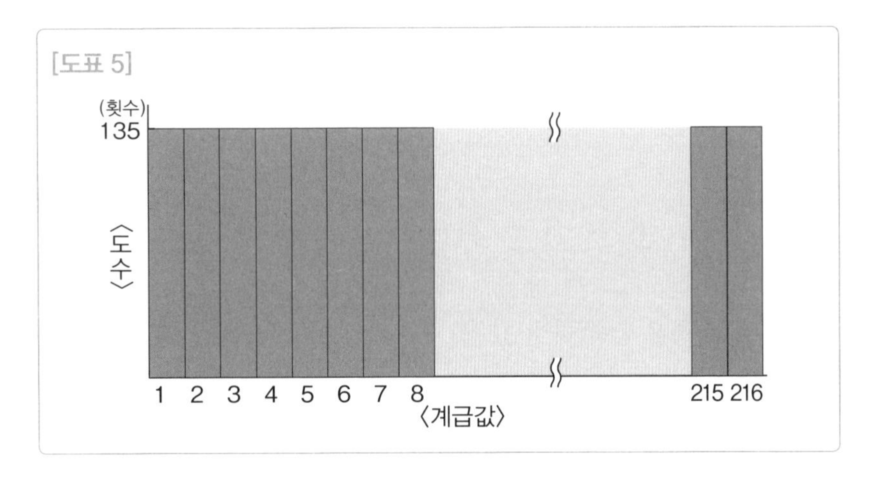

1~216, 모든 조합이 나온 횟수가 대략 135회 나온다.

왜냐하면 편향성이 없는 주사위를 3만 번 던졌기 때문이다.

주사위에 쓰인 숫자가 나올 확률이 전부 같을 경우, 던지는 횟수가 늘어날수록 모든 숫자가 골고루 나오는 경우도 많아진다.

이야기가 약간 옆길로 새지만 만약 이 실험을 6백 번밖에 하지 않았을 때의 결과를 히스토그램으로 나타내면 도표 6처럼 된다. 보다시피 막대 길이가 들쭉날쭉하다.

여기서 우리는 실험 횟수에 따라 결과가 달라진다는 점을 알 수 있다.

[도표 6]

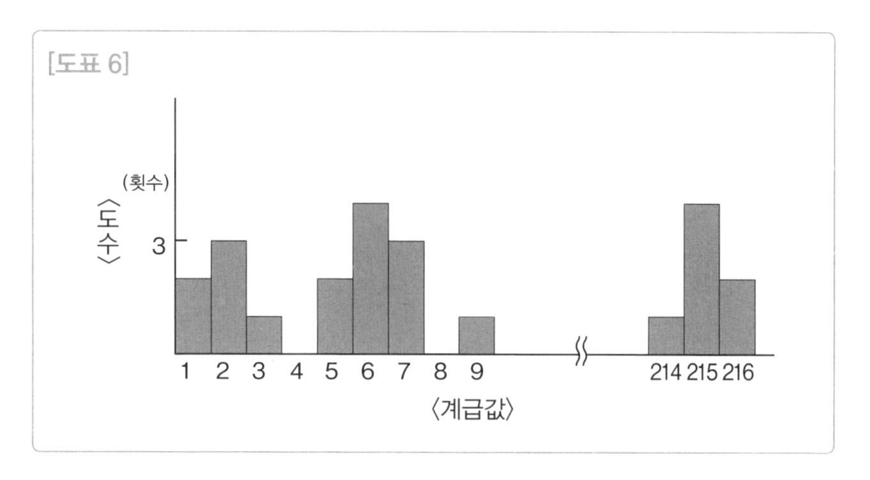

즉 데이터를 계측할 때는 어느 정도로 데이터를 모으면 충분한지도 생각해야 하는데, 이 이야기를 파고들면 너무 어려워지므로 이 정도만 하자.

만약 3만 번을 했는데도 히스토그램이 들쭉날쭉하다면 그것은 전제 자체가 잘못되었기 때문이다. 즉 그 주사위는 편평하지 않고 어느 한쪽이 깨져 있다는 말이다.

‘도수’와 ‘계급값’이란 무엇인가

도표 5와 도표 6을 보면 알 수 있듯이, 히스토그램의 도수는 ‘횟수’를 나타내고 계급값은 ‘3개의 숫자를 조합한 수의 번호’를 나타낸다. 물론 모든 히스토그램이 그렇진 않다. 도수와 계급값의 의미는

데이터의 내용에 따라서 얼마든지 바뀔 수 있다.

그런데 보통 통계를 내는 경우, 대부분은 주사위의 예보다 훨씬 자잘한 숫자가 나오고 그 범위도 넓다. 따라서 이른바 '통계학 관련 서적'은 종종 사람의 키를 예로 들어 히스토그램을 설명한다. 키는 부모의 유전적 특징이나 본인의 생활습관, 식생활, 운동 경험 등, 여러 다양한 요인으로 결정되어서 우발적인 결과가 나오므로, 히스토그램을 설명하기 매우 적절한 요소로 꼽힌다.

여기서도 키에 대한 히스토그램을 생각해보자.

어떤 네 사람의 키를 확인해보자. 이때 성별은 고려하지 않는다.

- 첫 번째 …… 155cm
- 두 번째 …… 169cm
- 세 번째 …… 166cm
- 네 번째 …… 157cm

다음으로, 키에 대해 일정한 범위를 잡는다.

데이터의 최솟값에서 최댓값까지 들어가는 수치를 범위로 잡고 그 범위를 잘게 나눈다.

이 데이터의 경우,

- 151cm ~ 155cm

- 156cm ~ 160cm
- 161cm ~ 165cm
- 166cm ~ 170cm

이렇게 5cm 단위로 자르면 알기 쉽다.
이것이 바로 **'계급'**이다.
대체로 5~8정도 폭으로 구간을 설정한다.
각 계급의 대표가 되는 수치를 **'계급값'**이라고 한다.

일반적으로 범위의 가운데 있는 값을 선택하지만, 원래는 어느 수치를 선택해도 상관없다.

이번에는 각 계급의 중앙에 있는 수치를 선택해 다음과 같이 계급값을 설정하겠다.

- 151cm ~ 155cm의 계급 → 계급값 : 153cm
- 156cm ~ 160cm의 계급 → 계급값 : 158cm
- 161cm ~ 165cm의 계급 → 계급값 : 163cm
- 166cm ~ 170cm의 계급 → 계급값 : 168cm

그리고 각 계급에 4명 중 누구의 데이터가 이에 해당하는지 생각해보자.

- 151cm ~ 155cm …… 첫 번째 (155cm)가 해당

- 156cm ~ 160cm …… 네 번째 (157cm)가 해당
- 161cm ~ 165cm …… 해당자 없음
- 166cm ~ 170cm …… 두 번째 (169cm)
  세 번째 (166cm)가 해당

이렇게 된다.
이로써 각 계급에 몇 명이 해당하는지 판명되었다.

- 151cm ~ 155cm …… 1명
- 156cm ~ 160cm …… 1명
- 161cm ~ 165cm …… 0명
- 166cm ~ 170cm …… 2명

이것이 히스토그램의 '도수'가 된다.

이제 히스토그램을 만드는 데, 필요한 요소가 전부 갖추어졌다.
그러면 다음 데이터를 살펴보자.

[도표 7]

계급	계급값	도수	누적도수
151cm ~ 155cm	153cm	1	1
156cm ~ 160cm	158cm	1	2
161cm ~ 165cm	163cm	0	2
166cm ~ 170cm	168cm	2	4

위의 도표를 '**도수분포표**'라고 한다.

도표 8은 이 도표를 근거로 작성한 히스토그램이다.

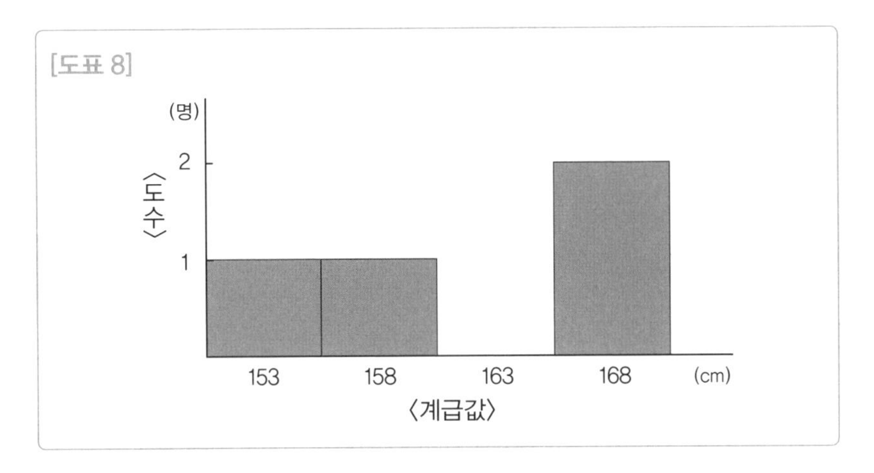

이렇게 겨우 4명의 데이터로도 충분히 히스토그램을 만들 수 있다.

그런데 도표 8의 히스토그램을 보고 이상하다고 생각하는 사람도 있을 것이다.

예를 들어 계급값 153cm의 도수는 1이다. 이 데이터는 원래는 '151~155cm'라는 계급에 '155cm'인 사람이 1명 있다는 사실을 나타낸 것이다.

하지만 히스토그램만 보면 '153cm인 사람이 1명 있다'는 데이터만 알 수 있다.

원래의 데이터와 비교하면 정보의 정확성이 다소 떨어진다는 말이다.

하지만 통계학에서는 이 정도의 오차는 분석하는 데 지장이 없다고 판단한다.

그리고 실제로 계측할 때는 겨우 4명밖에 없는 데이터로 히스토그램을 만들진 않는다.

그 나름 충분한 양의 데이터를 처리하기 때문에 하나하나의 수치에 얽매이면 오히려 번거롭다. 다소 오차가 있어도 결과에 크게 영향을 미치지 않는다. 데이터 수가 많을수록 그렇다.

그러므로 **통계학은 미세한 오차는 그냥 넘어간다.**

데이터를 단순하고 알기 쉽게 정리해서 처리하기 쉽게 하는 것이 목적이기 때문이다.

어떤 현상이건 어느 정도 데이터가 있으면 히스토그램을 만들 수 있다.

한 사람이 주사위를 3만 번 던지기는 힘들지만 100번 정도는 가능할 것이다.

100번을 던져서 1~6까지 6개의 숫자가 나오는 횟수를 기록한다. 그러면 쉽게 히스토그램을 만들 수 있다.

가족이나 친척의 키를 조사해서 히스토그램을 만들어 보는 것도 좋다.

이것이 통계학을 공부하는 첫걸음이다.

일단 한 번 직접 히스토그램을 그려보자.

실전만큼 뛰어난 학습법은 없기 때문이다.

나는 지금도 통계 데이터가 있으면 히스토그램을 만들어본다. 게다가 요즘에는 엑셀에 데이터를 입력해 히스토그램을 손쉽게 만들 수 있으니, 정말 편리한 세상이다.

평균값, 분산을 계산해보자

통계학에서 '평균값'을 구하는 방법

히스토그램을 만들면 데이터가 전체적으로 어떤 성질을 띠고 있는지 이해할 수 있다.

그런데 데이터를 더 세부적으로 살펴서 어떤 특징이 있는지 파악하고 싶다면 몇 가지 요소를 추가로 알아야 한다.

하나는 **평균값**이다.

'평균'이라는 용어는 우리 주변에서도 많이 듣는 말이다.

평균을 구하는 법은 누구나 알고 있다.

데이터를 합한 다음 그 값을 데이터 수로 나누면 된다.

도표 9는 주사위를 30번 던졌을 때, 어느 숫자가 몇 번 나왔는지 표와 히스토그램으로 나타낸 것이다.

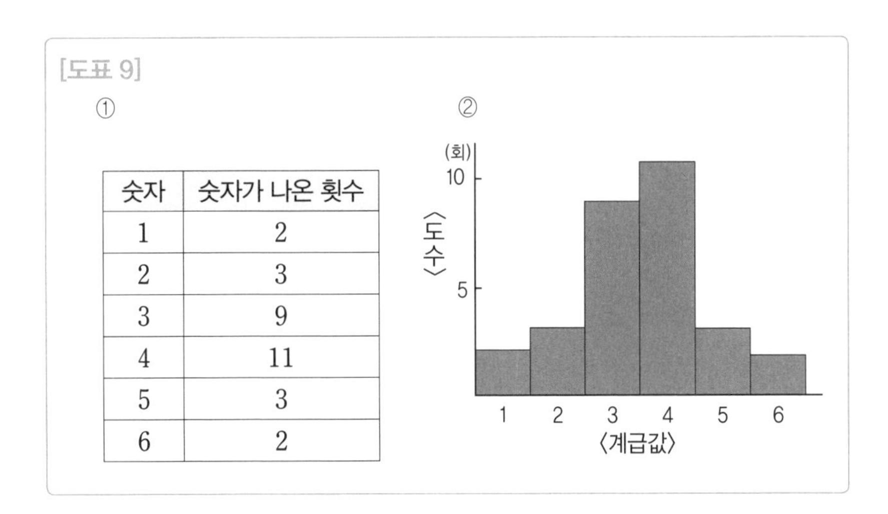

숫자	숫자가 나온 횟수
1	2
2	3
3	9
4	11
5	3
6	2

실제로는 이런 실험을 해서 평균을 구하진 않겠지만, 통계학의 '사고방식'을 배우기 위해 한 번 해보자.

그러면 이 데이터를 바탕으로 평균값을 내자.

앞에서도 말했듯이 합계를 데이터 수로 나누면 된다.

$$\frac{1\times2+2\times3+3\times9+4\times11+5\times3+6\times2}{30} \fallingdotseq 3.53 \cdots\cdots (1)$$

이 데이터의 평균값은 3.53이다.

다만 이 데이터는 좀 다른 식으로 볼 수도 있다.

숫자 '1'은 주사위를 30번 던졌을 때 2번 나왔고, '2'는 30번 중 3번, '3'은 30번 중 9번 나왔다. 이렇게 해서 모든 숫자를 보면 다음 방식으로도 평균값을 구할 수 있다.

$$1\times\frac{2}{30}+2\times\frac{3}{30}+3\times\frac{9}{30}+4\times\frac{11}{30}+5\times\frac{3}{30}+6\times\frac{2}{30} \fallingdotseq 3.53 \cdots\cdots (2)$$

평균값의 결과는 (1)과 동일하다.

그러나 양자는 평균값을 구하는 관점이 크게 다르다.

(1)은 평균값을 구하는 일반적인 방법이다. 개별 데이터를 합한 값을 데이터 수로 나누었다.

그런데 (2)는 계급값에 대해 그 계급값의 도수를 전체 수로 나누었다.

이렇게 그 **계급값의 도수가 전체에서 차지하는 정도를 나타낸 수를 '상대도수'**라고 한다.

다시 말해 상대도수는 주사위를 30번 던졌을 때의 내용을 나타내는 값이다.

이 데이터의 계급값에 대한 각각의 상대도수는,

$$\frac{2}{30},\ \frac{3}{30},\ \frac{9}{30},\ \frac{11}{30},\ \frac{3}{30},\ \frac{2}{30}$$

이다. 또 모든 계급값의 상대도수의 합은,

$$\frac{2}{30}+\frac{3}{30}+\frac{9}{30}+\frac{11}{30}+\frac{3}{30}+\frac{2}{30}=1$$

이 된다. 즉 상대도수의 합은 반드시 1이 된다는 성질이 있다.

이 경우, 주사위를 예를 들었으므로, 계급값은 1개가 나온다. 평균값을 어떤 방법으로 구하든 그 값은 변하지 않는다.

그러나 앞서 예를 든 키에 관한 데이터의 계급에는 폭이 있다.

즉, 개별 데이터를 전부 더해서 데이터 수로 나누어 평균값을 낸 경우와 계급값에 대해 그 계급값의 도수를 전체 수로 나누어 평균값을 낸 경우와는 수치에 다소 차이가 발생할 가능성이 있다.

(1)의 평균을 **'보통 평균'** (2)로 구한 평균을 **'가중 평균'**이라고 구별하기도 하는데, 통계학에서 말하는 평균값은 일반적으로 후자인 (2)로 구한다.

데이터가 퍼진 상태를 나타내는 '분산'

그러면 이 계급값과 상대도수로 구할 수 있는 평균값에는 어떤 의미가 있을까?

사실 '이 데이터의 중앙은 여기'라는 것뿐이다.

히스토그램 상에 평균값을 놓으면, 그 점에서 그림의 균형이 잡힌다고 말하기도 하지만, 그것만으로는 데이터를 해석한다는 목적을 달성할 수 없다.

평균값을 구하는 것만으로는 이 데이터에 어떤 의미가 있는지 알 수가 없다.

그러므로 다음에는 **'분산'**을 구해보자.

분산은 데이터가 어느 정도 퍼져있는지 나타내는 값이다.

다음 도표를 보자.

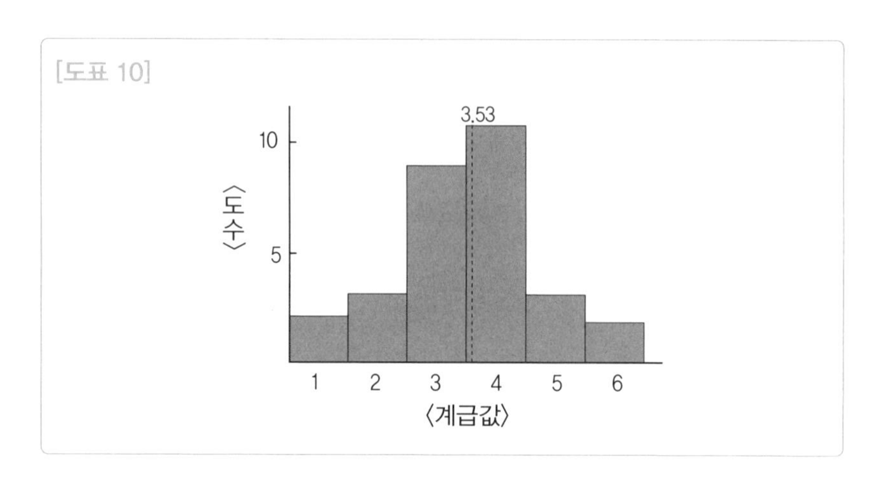

히스토그램에 들어간 세로 점선은 평균값 3.53을 나타낸다. 데이터가 대부분 평균값 언저리에 모여 있다면 '들쭉날쭉하게 퍼지지 않은 데이터'라고 할 수 있다.

하지만 히스토그램을 보면 알 수 있다. 모든 데이터가 평균값에 모여 있진 않다.

그러면 각 데이터가 평균값보다 어느 정도 작은지, 또는 어느 정도 큰지 적어보자.

이렇게 데이터의 수치와 평균값과의 차이를 나타내는 값을 '편차'라고 한다.

Point-1

(편차) = (데이터 수치) − (평균값)

그런데 이 값은 데이터가 퍼진 정도를 정확히 나타낸 것은 아니다. 그래서 모든 데이터에는 도수의 차이도 있으므로 그것도 함께 생각해야 한다.

따라서 퍼진 정도를 명확히 하려면 과정을 하나 더 거쳐야 한다. 그런데 지금 이대로 계산하면 번거로운 점이 있다.

바로 편차가 플러스 · 마이너스로 나뉘어 있다는 점이다.

사실, 편차 '−1'과 '1'인 데이터와 평균값과의 차이는 똑같이 '1'이다.

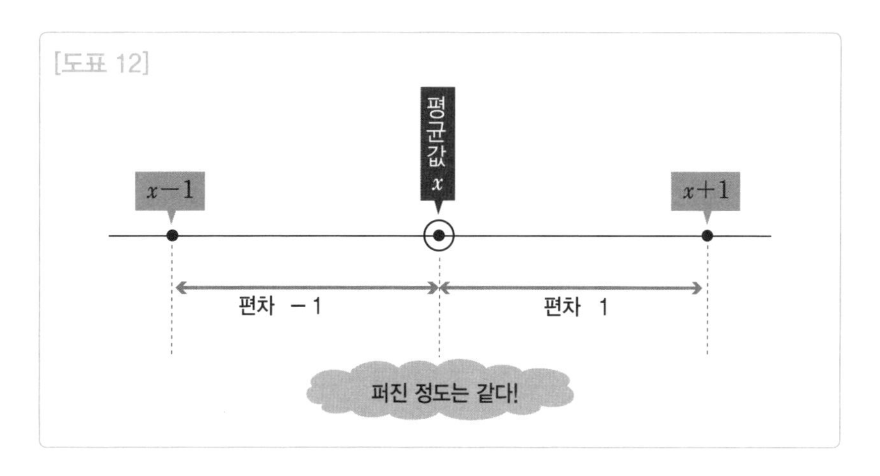

그런데 이 수치를 그대로 계산하면 두 숫자가 상쇄되어 값이 작아

진다.

그러므로 편차를 제곱한 다음 도수를 곱하고, 또 그 값의 평균을 낸다.

$$\frac{(-2.53)^2\times2+(-1.53)^2\times3+(-0.53)^2\times9+(0.47)^2\times11+(1.47)^2\times3+(2.47)^2\times2}{30}=1.4489$$

이것이 **'분산'의 값, 다시 말해 퍼진 정도를 나타내는 값**이다.

이 식은 다음과 같이 바꿔 쓸 수도 있다.

$$(-2.53)^2\times\frac{2}{30}+(-1.53)^2\times\frac{3}{30}+(-0.53)^2\times\frac{9}{30}+(0.47)^2\times\frac{11}{30}+(1.47)^2\times\frac{3}{30}+(2.47)^2\times\frac{2}{30}=1.4489$$

여러분은 알아차렸을까? 평균값을 구했을 때의 식(47쪽)과 완전히 똑같다는 것을 말이다.

이 식의 '편차의 제곱' 부분을, 세제곱이나 네제곱으로 바꾸면 통계학의 다양한 요소를 도출할 수 있지만 여기서는 자세히 설명하지 않겠다. 상급자 수준이어야 이해할 수 있는 내용이기 때문이다.

통계학을 이용하는 사람은 평균값을 구하는 방법을 적용하는 것만으로도 다양한 사실을 알 수 있다는 것만 기억해두자.

Point-2

분산 = '(편차)^2 × 상대도수'의 합

분산의 값은 그것이 클수록 데이터가 들쭉날쭉 퍼져있음을 나타내고 작으면 중앙에 모여 있음을 나타낸다. 분산의 크기에 따라 히스토그램의 모양새가 달라진다.

분산이 크면 히스토그램은 들쭉날쭉 통일감이 없지만, 분산이 작을 때는 평균값에 가까운 데이터가 많으므로 평균값에서 멀어질수록 막대가 작아지는 형태가 된다.

[도표 13]

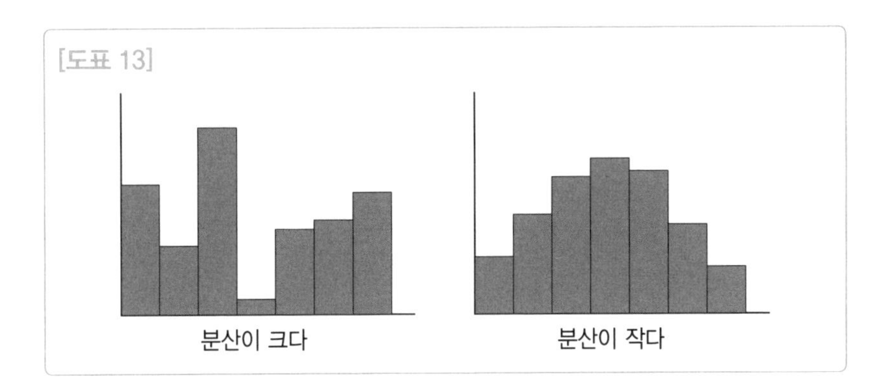

뒤집어 말하면 통계학을 이해하는 사람은 데이터를 갖고 구한 평균과 분산의 값으로 히스토그램의 형태를 짐작할 수 있다.

직접적인 수치를 나타내는 표준편차

분산으로 데이터가 퍼져있는 정도를 파악할 수 있으니 통계학적으로는 문제가 없겠지만, 수학적으로 생각하면 문제가 있다. 계산 과정에서 편차를 제곱했기 때문이다. 번거로움을 덜기 위해서였지만 그것 때문에 분산의 값이 너무 커졌다.

그래서 **지나치게 커진 분산의 값을 원상태로 되돌리기 위해, 분산에 루트를 씌워서 나온 값을 '표준편차'**라고 한다.

영어로는 'Standard Deviation'이라고 하므로 통계학 서적에서 'S.D.'라고 표기되기도 한다.

Point-3

표준편차 = $\sqrt{\text{분산}}$

표준편차는 데이터가 평균값에서 어느 정도 퍼져있고 떨어져 있는지 직접적으로 나타낸 수치다.

편찻값을 계산하는 방법을 알고 있나?

편찻값이 무엇일까?

지금까지 통계학 초보의 초보, 첫걸음 중에서 이제 반걸음 정도 나아갔다.

편하게 올 수 있었는지?

아니면 숨이 차서 쫓아올 수 없을 지경인지?

숫자라면 무조건 뒷걸음질 치는 사람에게는 다소 골치 아픈 이야기였을 것이다. (앞에서 등장한 담당편집자는 이미 넋이 나간 표정이다.) 그러면 우리 주변에 있는 대표적인 '편차' 이야기를 해보자.

바로 **'편찻값'**에 대해서다.

중고등학교 시절, 시험을 보면 시험 점수 옆에 '편찻값'이 기재되어 있었을 것이다. 이 편찻값은 대입을 결정하는 시험에서도 중요한 기준으로 이용된다.

독자 여러분은 편찻값에 대해 얼마나 알고 있을까? 점수를 잘 받으면 편찻값이 커지고 점수가 나쁘면 작아진다는 정도는 알 것이다.

그러면 편찻값의 최고치는 얼마인지 알고 있는지?

아니, 어떻게 편찻값을 계산하는지 알고 있는지?

참고로 나는 내 모의고사 결과에 편찻값 90이나 100이라는 숫자를 본 적이 있다.

극단적인 예로, 100번 만점 중 평균 점수가 10점밖에 되지 않는 대단히 어려운 시험에서 100점을 맞으면 그 사람의 편찻값은 엄청나게 높을 것이다.

편찻값은 글자 그대로 '편차' 값이다. 다시 말해 '표준편차'를 이용한 개념이다.

전체 평균 점수가 '편찻값 50'이고 평균보다 점수가 높으면 편찻값은 50 이상, 낮으면 50 이하가 된다.

그러면 편찻값은 어떻게 구할까?

편찻값을 구하는 공식은 정해져 있다.

시험 점수를 x라고 하면,

$$\text{편찻값} = \frac{x - \text{평균값}}{\frac{\text{S.D.}}{10}} + 50$$

위의 공식(이것은 정의를 나타내므로, 정의식이라고 한다)으로 편찻값을 구할 수 있다.

여기, 5명의 시험 결과가 있다.

[도표 14]

사람	A	B	C	D	E
점수	x_1	x_2	x_3	x_4	x_5

이 시험의 평균 점수는 다음과 같이 계산한다.

$$\text{평균점} = \frac{x_1 + x_2 + x_3 + x_4 + x_5}{5}$$

즉 시험 점수를 전부 더한 다음, 시험을 본 사람의 명수로 나누는 것이다.

이 경우, 데이터가 5개밖에 없어서 그렇게 어렵지 않지만, 실제로는 몇 십, 몇 백, 몇 천개의 점수를 더해야 한다. 더해야 하는 수가 끝없이 이어지자, 수학자들은 그 과정을 간략하게 줄이기 위해 다음과 같은 식을 만들었다.

$$\text{평균점} = \frac{\sum_{i=1}^{5} x_i}{5}$$

수학 공식의 알레르기가 있는 사람은 이런 게 있다는 것만 알아두자.

하지만 공식은 모호함이 없다. 그래서 공식을 이해하는 사람에게 공식은 언어를 뛰어넘는 존재라는 것은 알아두자. 아마 우주인과 첫 대화를 할 수 있다면, 그것은 수학일 것이다.

그렇게 '숭고한 언어'인 공식을 이해하지 못하는 것은 상당히 안타까운 일이다.

자, 이제 평균점을 구했다.

다음은 표준편차(S.D.)를 구해야 한다.

이미 표준편차를 구하는 법을 배운 독자 여러분에게는 식은 죽 먹기일 것이다.

데이터와 평균에서 먼저 분산을 구하고 그 값에 루트를 씌우면 된다.

또 이 경우, 점수 데이터이므로 도수를 합친 값은 1이 되니까, 도수에 관해서는 생각하지 않아도 된다.

그러면 다음과 같은 식이 나온다.

$$\text{분산} = \frac{(x_1-\text{평균점})^2+(x_2-\text{평균점})^2+(x_3-\text{평균점})^2+(x_4-\text{평균점})^2+(x_5-\text{평균점})^2}{5}$$

$$= \frac{\sum_{i=1}^{5}(x_i-\text{평균점})^2}{5}$$

$$\text{표준편차} = \sqrt{\text{분산}}$$

$$= \sqrt{\frac{\sum_{i=1}^{5}(x_i-\text{평균점})^2}{5}}$$

이제 필요한 요소를 다 갖췄다.

평균점과 표준편차로 편찻값을 구하는 공식에 대입하면 자신의 편찻값을 알 수 있다.

얼핏 복잡한 계산으로 보이겠지만 실제로 해보면 생각보다 간단하다.

지금은 고성능 컴퓨터와 엑셀을 사용할 수 있는 시대이기 때문이다.

참고로 나는 대학에서 학생들을 평가할 때 편찻값을 이용한다.

과목에 따라서는 최상위 점수를 일정 비율 이하로 설정해야 하기 때문이다.

시험 점수를 편찻값으로 환산하면 매우 쉽게 최상위 단계 평가를 일정 비율 이하로 설정할 수 있다.

Point-4

시험을 Z명이 보았을 때

$$\text{시험 평균 점수} = \frac{\sum_{i=1}^{Z} x_i}{Z}$$

$$\text{시험의 표준편차} = \sqrt{\frac{\sum_{i=1}^{Z} (x_i - \text{평균점})^2}{Z}}$$

편찻값을 계산해보자

그런데 편찻값의 정의식(定義式)을 보고 의문을 품는 사람도 있을 것 같다.

"왜, 표준편차를 $\frac{1}{10}$로 하는 거지?"

"왜 마지막에 50을 더하는 거야?"

전자는 표준편차 값을 그대로 계산하면 값이 지나치게 작아지기 때문이다.

후자는 평균 점수에서 '50'이라는 숫자가 자르기 좋기 때문이다.

아마 채점자에게 '시험은 100점 만점'이라는 의식이 강하고 가장 점수를 잘 받은 사람도 편찻값을 80, 90 정도로 만들려고 한다면, 50을 더하는 것이 적당하다.

일반적으로 시험 점수에 편차가 큰 과목을 꼽으라면 아마 수학이 아닐까?

가령 표준편차가 20이었다고 하자.

또 평균 점수는 30점이었다.

이 시험에서 100점을 맞은 사람의 편찻값은 어떻게 될까?

$$\text{100 점인 사람의 편찻값} = \frac{100-30}{\frac{20}{10}} + 50$$
$$= 85$$

이 시험에서 100점을 맞은 사람의 편찻값은 85다. 그러면 0점을 맞은 사람은 어떨까?

$$0\text{점인 사람의 편찻값}=\frac{0-30}{\frac{20}{10}}+50$$
$$=35$$

이렇게 계산하면 0점인 사람의 편차치가 35라는 것을 알 수 있다.

그런데 평균점은 같지만 표준편차가 30인 경우, 100점인 사람과 0점인 사람의 편찻값은 각각 어떻게 될까?

$$100\text{점인 사람의 편찻값}=\frac{100-30}{\frac{30}{10}}+50$$
$$\fallingdotseq 73$$

$$0\text{점인 사람의 편찻값}=\frac{0-30}{\frac{30}{10}}+50=40$$
$$=40$$

이렇게 된다.

점수가 같고 평균점(평균 점수)도 같아도 표준편차, 즉 점수가 들쭉날쭉한 정도가 다르면 편찻값이 달라진다.

표준편차로 편찻값이 오른다? 내린다?

그런데 앞의 두 경우의 편찻값을 비교하면 인문계인 여러분 중에는 고개를 갸웃하는 사람이 있을 것 같다.

아마도,

“표준편차가 20에서 30으로 바뀌면, 왜 고득점인 사람은 편찻값이 내려가는데, 점수가 낮은 사람은 편찻값이 올라가나요? 둘 다 오르거나 둘 다 내리면 모를까…….”

[도표 15]

표준편차 (S.D.)	0점의 편찻값	100점의 편찻값
20	35	85
30	40	73

이것은 서문을 비롯해 가끔씩 등장하는 숫자 알레르기 증후군의 대표격인 이 책의 편집담당자가 한 질문이었다.

그야말로 통계학을 이해하지 못하는 사람, 즉 수학을 이해하지 못하는 사람 특유의 느낌이다.

사실 나 같은 사람은 대체 왜 그렇게 생각하는지 도저히 이해할 수 없다.

표준편차가 무엇인지 전혀 모른다는 증거다.

독자 여러분 중에도 앞과 같은 의문이 드는 사람이 있다면 다음 그림을 보자.

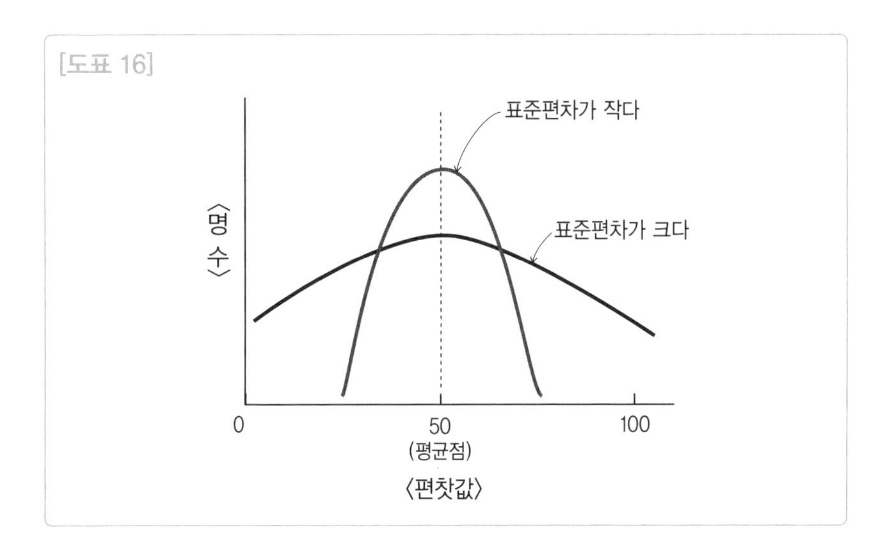

[도표 16]

두 가지 패턴의 시험 결과에 대해 편찻값과 그 편찻값을 구한 사람의 수를 그래프로 나타낸 그림이다. 기본적으로는 시험의 평균 점수에 가까운 점수를 맞은 사람들이 대부분이며 극단적으로 낮은 점수나 극단적으로 높은 점수를 받은 사람은 적기 때문에 평균점 부분에서 볼록 튀어나온 모양의 그래프가 된다.

다만, 도표 16의 2개의 그래프는 형태가 다르다. 그 이유는 표준편차가 다르기 때문이다.

표준편차는 데이터가 퍼진 정도를 나타낸다. 즉 표준편차가 크면 데이터는 넓게 퍼지고 표준편차가 작으면 데이터는 중심으로 모인다. 퍼진 정도가 작다는 것은 시험 결과 데이터의 경우, '평균점 주변에 데이터가 비교적 많이 모여 있다'는 뜻이다.

반대로 퍼진 정도가 크면 시험 점수는 낮은 득점에서 고득점까지 골고루 있다는 뜻이다.

표준편차가 작은 시험에서 0점을 맞거나 100점을 맞는 것은 평균점에서 크게 벗어나는 것이다.

다시 말해 둘 다 희소성이 있다.

그러므로 0점인 사람은 극단적으로 편찻값이 작아지고 100점인 사람은 극단적으로 커진다.

이것은 두 사람의 편찻값의 차이도 커진다는 뜻이다.

한편, 표준편차가 클 때는 정반대 현상이 나타난다.

점수는 평균점 근처에 모이지 않고 흩어져 있으므로 0점이나 100점도 평균점과 벗어난 정도가 상대적으로 작아진다.

숫자만 봐서는 잘 모르겠다면 그림을 그려 보면 훨씬 잘 이해할 것이다.

참고로 수학을 잘하는 사람은 숫자를 보자마자 머릿속에 그와 같은 그림이 떠오른다.

단 한 번의 시험으로 학력을 측정할 수는 없다

지금까지 대다수 사람이 학생 시절에 힘들어했을 얄미운 편찻값에 관해 알아보았다.

학생들은 원하는 대학에 합격할 수 있을지를 확인할 목적으로 또는 실력을 알아보기 위해 전국 모의고사에 응시한다. 그 결과 성적표에 기재된 자신의 편찻값을 보고 일희일비한다.

그러나 모의고사에서 알 수 있는 것은 추계일 뿐이다. 진짜 수능은 단 한 번밖에 없다.

아무리 성적이 우수해도 또는 그렇지 않아도 실제로 해보지 않으면 결과를 알 수 없다는 것이 올바른 견해이긴 하다.

그래도 수능 성적을 최대한 정확하게 추계하려면 지속적으로 '동일한' 모의고사를 보고 모든 결과에 대해 그 편찻값의 추이를 확인해야 한다. '동일한'이라는 것은 대체적으로 같은 사람들이 그 시험을 본다고 생각할 수 있다는 의미다. **조사 대상이 되는 전체 집단을 통계학에서는 '모집단'이라고 부른다.**

이 모집단이 같아야 각 모의고사의 편찻값의 추이가 자신의 학력 추이를 확실하게 나타낸다.

사람들은 저마다 다르지만, 성적에 관해서는 크게 2가지로 분류된다. 하나는 어떤 시험이건 어느 정도 비슷한 점수를 맞는 사람이다. 또 하나는 점수가 올랐다 내렸다 들쭉날쭉한 사람이다. 컨디션에 따라서 기복이 심한 유형이다.

먼저 자신이 어느 쪽에 해당하는지 파악해야 한다.

방법은 간단하다.

과거에 봤던 모의고사의 편찻값에 대해 평균값을 내고 여기에 표준편차를 계산하면 된다. 이 2개를 알면 자신의 실력이 어느 정도인지 보인다. 평균값으로는 모의고사를 본 기간 내에 자신의 편찻값이 어느 정도였는지 알 수 있다. 점수가 좋았을 때도 나빴을 때도 포함해서 대략 어느 정도인지 파악할 수 있다. 표준편차는 편찻값이 퍼져 있는 정도를 알려준다.

흩어진 정도가 작으면 각각의 시험 결과는 비슷할 것이다.

반대로 흩어진 정도가 크면 기복이 심하다는 말이다.

어떤 사람은 그때그때의 모의고사 결과가 현재 자신의 학력이라고 생각한다.

물론 모의고사는 모집단이 크면 전체 집단 중 자신의 위치를 확인하는 데 유용하다.

하지만 모의고사 결과는 모의고사를 주최한 어떤 단체가 보유한 과거의 정보가 축적된 시험 데이터를 바탕으로 '편찻값이 이 정도이면 90%는 합격한다'는 판단 하에 등급을 매긴 것이다.

가령 점수 기복이 심한, 즉 시험에 따라 결과가 크게 바뀌는 사람이 자신의 패턴을 모르고 있다면 시험 결과를 확인할 때마다 일희일비하고 끝날 것이다.

다음 모의고사 또는 수능이 어떻게 될지 전혀 예측하지 못한다.

반면, 자신의 패턴을 알고 있으면 '다음 시험은 잘못 볼지도 모른다', '수능에 제 실력을 발휘하려면 어떻게 해야 할까'라는 대책을 세울 수 있다.

또 그때까지는 별로 점수가 높지 않았는데, 어느 날 놀라울 정도로 점수를 잘 받는 경우도 있다.

"지금까지 한 노력이 이제야 결실을 보는구나!"

하고 신이 나서 기뻐할지도 모르지만 이것도 반드시 그렇다고 할 수는 없다.

세상에는 우연이라는 것이 있기 때문이다.

물론 그 우연이 수능에도 발휘되면 운도 실력이라는 말이 되겠지만, 모의고사에서 나타난 우연을 '실력'으로 착각하면 수능 결과에 좋지 않은 영향을 미칠 것이다.

이럴 때야말로 통계학이 필요하다.

그때까지의 시험 결과의 평균값과 표준편차를 계산하면, 우연히 얻은 고득점은 희석되고 진짜 실력에 가까운 결과를 도출할 수 있다.

오해하지 않고, 착각하지도 않고, 막연하지도 않고, 확실하게 숫자로 실력을 파악할 수 있다.

여기서 기억해둬야 할 점은 **단 한 번의 시험 결과만으로는 별 도움이 되지 않는다**는 것이다. 최근에 본 시험 결과를 '현재 학력'이라고 해석하면 오히려 자신의 실력을 정확히 파악할 수 없다.

지속적으로 결과를 추적하고 최신 결과가 나올 때마다 평균값과 표준편차를 계산해서 자신의 학력 패턴과 추이를 정확하게 파악해야 실력을 정확하게 측정할 수 있다.

한 마디만 더 하자면, 시험 점수가 나올 때마다 일희일비하는 것은 의미가 없다.

쉬운 문제가 나오면 모든 학생이 고득점을 받고 어려운 문제가 나오면 모든 학생의 점수가 떨어지기 때문이다.

자신이 평소보다 점수를 잘 받았을 때는 '실력이 올랐다'고 생각하기 전에 '다른 학생들도 좋은 점수를 받지 않았을까?'라고 차분하게 생각해야 한다.

점수가 나쁘다고 해서 낙심하지 말고 '문제가 어려워서 그랬을 수도', '평균점은 몇 점일까'를 파악한 다음 그 점수의 좋고 나쁨을 판단해야 한다.

즉 편찻값을 보라는 말이다.

이렇게 통계학적인 사고를 통해 살펴보면 얄미운 편찻값이 실은 무척 유용한 존재임을 알 수 있다.

접근 방식을 달리하면 자신의 학력을 향상하는 데 든든한 아군이 되어줄 것이다.

2 장

정규분포

— 가장 대중적인 '분포의 왕'

‘정규분포’란 무엇일까?

좌우대칭의 산처럼 생긴 그래프

어떤 현상을 분석하고 이해하기 위해 데이터를 모아보면, 그 데이터의 내용이 띄엄띄엄 있는 경우가 있다. 모든 데이터가 골고루 수집되거나 정합성을 띠지 않는 경우가 많다는 말이다. 오히려 불확실한 것이 일반적이다.

이것을 ‘데이터의 분포’라고 부른다.

분포한 데이터를 이해하려면 1장에서 설명한 평균값이나 표준편차가 필요하다.

이제 우리는 데이터 분포를 이해하는 데 필요한 요소를 알고 있다. 다음에는 통계학에서 가장 대중적인 데이터 분포라 할 수 있는 정규분포에 대해 알아보자.

정규분포는 분포의 왕이라 할 수 있다.

가장 대표적인 분포다.

그러면 어떤 데이터 분포를 ‘정규분포’라고 할까?

이해하기 쉽도록 그림을 보며 설명하겠다.

도표 17과 같이 정규분포를 그래프로 나타내면 좌우대칭인 산과 같은 형태가 된다.

또 정규분포가 되는 데이터는 평균값을 경계로 그 앞뒤에 동일한 형태로 데이터가 퍼져간다. 퍼지는 방식에도 특징이 있다.

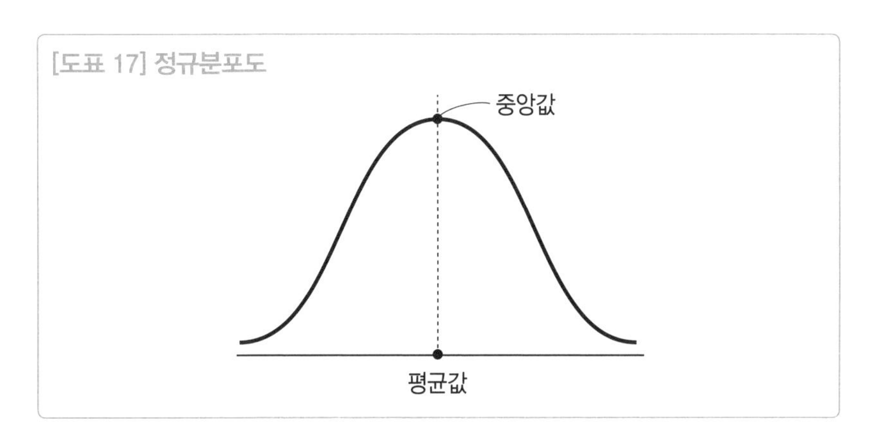

[도표 17] 정규분포도

위의 그림을 보면 알 수 있듯이 평균값과 그래프의 정점은 거의 일치한다.

그래프의 정점을 '중앙값'이라고 한다.

평균값의 도수, 즉 중앙값이 가장 높고, 그 값의 좌우로 완만한 곡선을 그려가면서 아래로 내려오는 모양이다. 그 곡선의 형태는 표준편차, 즉 분산에 루트를 씌운 수치가 좌우한다.

어떤 데이터가 정규분포를 그리는가

정규분포가 분포의 대표격으로 다루어지는 것은 자연계나 인간

사회에서 관측되는 데이터에 이 분포가 자주 보이기 때문이다. 물론 전부 그런 것은 아니다.

정규분포는 다양한 요소가 얽혀있는 현상에서 보이는 경향이 있다.

여기서 다시 한번 사람의 키를 예로 들어보자.

'최종 키'는 부모에게 받은 유전자만으로 결정되지 않는다.

식생활과 자라난 환경, 운동 경험 등 많은 요인이 복잡하게 작용한다.

또 아버지의 유전자가 강하게 발현되는지 어머니의 유전자를 이어받는지에 따라 자녀의 키가 달라질 것이다. 어느 쪽의 영향을 더 받을지는 아무도 알 수 없다.

이렇게 **요인이 너무 많거나 우연성이 대단히 큰 데이터는 정규분포를 이루기 쉽다.**

달리기 능력도 그렇다.

달리기를 잘하고 못하고는 부모에게 받은 유전자가 크게 영향을 미치지만 그 유전자를 물려받을지 아닌지는 우발적이다. 누구의 의도도 개입할 수 없다.

그 결과 세상에는 달리기를 잘하는 아이와 못하는 아이가 골고루 존재하므로 정규분포를 이룬다.

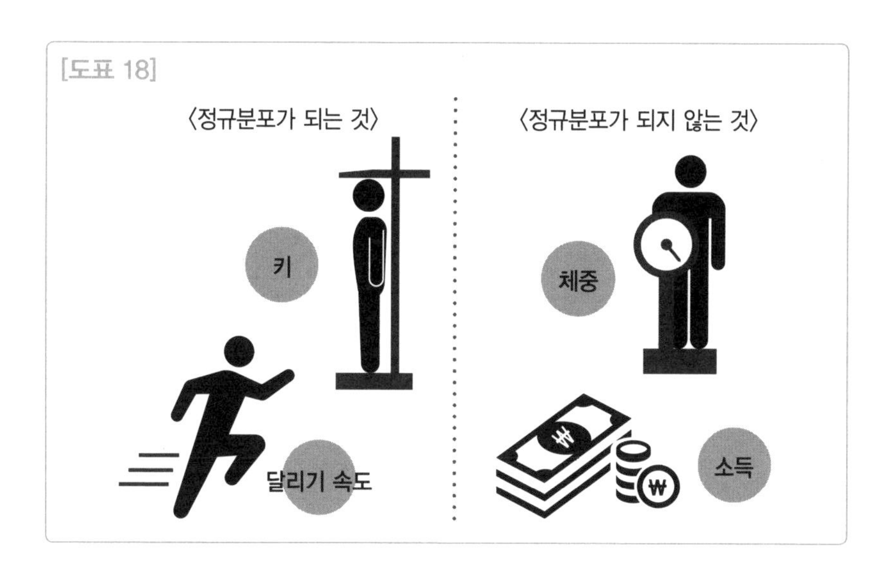

그런데 체중은 정규분포를 이루기 어렵다.

체중은 선천적 인자보다는 그 후의 식사량이나 운동량에 강하게 영향을 받는다.

후천적인 요인이 강한 데이터는 정규분포를 이루기 힘들다.

정규분포가 되지 않는 전형적인 예는 소득이다.

소득은 우연성이 적다. 일단 소득이 증가하면 소득은 계속 증가하는 경향이 있다.

반대로 소득이 적은 사람이 많은 소득을 얻기란 무척 어렵다.

부자인 사람은 더욱 많이 가지고 가난한 사람은 얻기 힘든 것이 돈이다.

또한 부자는 그 수가 한정적이다.

그러나 가난한 사람은 다수다.

즉 소득 분포를 그래프로 나타내면 중앙값이 왼쪽으로 크게 치우쳐지므로 평균값과 일치하지 않는다. 도표 19와 같이 소득 분포는 정규분포를 이루지 않는다.

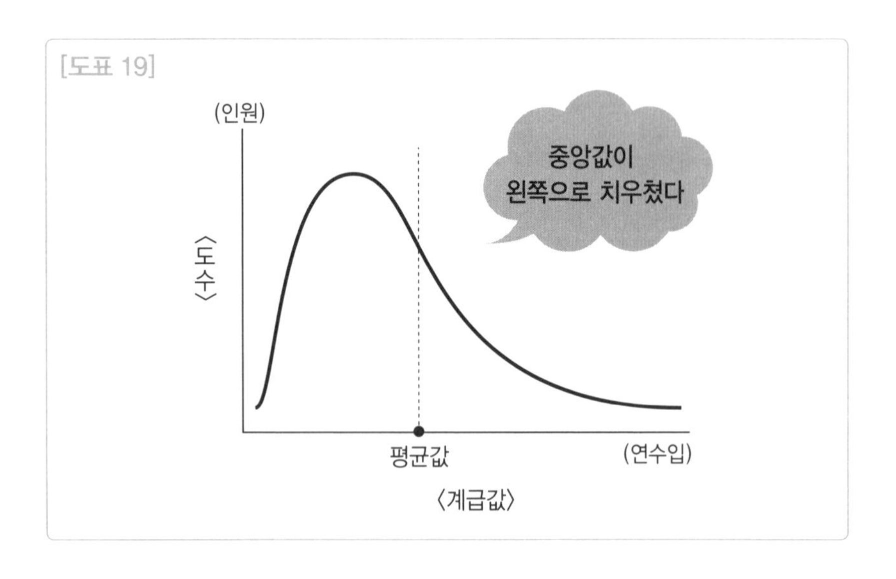

평균값과 분산이 중요한 이유

정규분포를 볼 때는 평균값과 분산을 눈여겨봐야 한다.

특히 **분산에 루트를 씌워서 표준편차 값을 내면 정규분포를 더욱 쉽게 파악할 수 있다.**

평균값과 표준편차가 어떤 값이든 상관없이, 그것이 정규분포를 이룬다면 모두 같은 성질을 띠기 때문이다. 도표 20을 살펴보자.

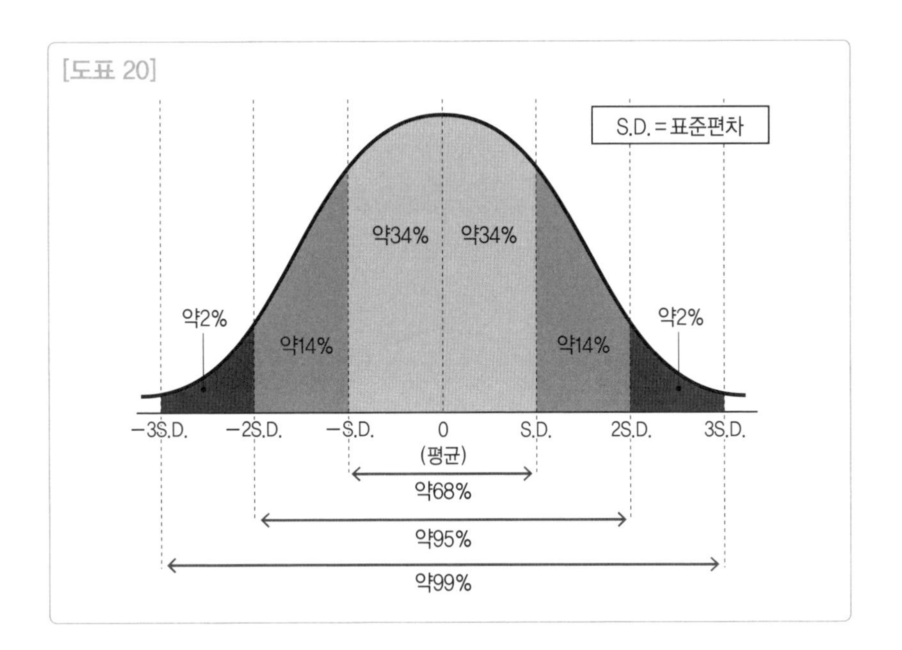

이 그림이 모든 것을 설명하지만, 그림만 보고는 이해하지 못하는 사람들을 위해 찬찬히 살펴보겠다. 정규분포인 데이터를 볼 때 주목해야 할 것은 '그 데이터가 평균값에서 표준편차의 몇 개분의 범위에 들어가는가'라는 점이다.

실은 정규분포에는 다음과 같은 특징이 있다.

평균 ± 표준편차 1개분의 범위에, 전체의 약68%가 포함된다.
평균 ± 표준편차 2개분의 범위에, 전체의 약95%가 포함된다.
평균 ± 표준편차 3개분의 범위에, 전체의 약99%가 포함된다.

그러면 구체적인 수치를 넣어서 생각해보자.

여기서 20세 남성의 키 데이터가 있다. 이 데이터는 정규분포를 이루며 평균값은 170, 표준편차는 5라는 점을 알고 있다고 하자. 그러면 그림은 다음과 같다.

[도표 21]

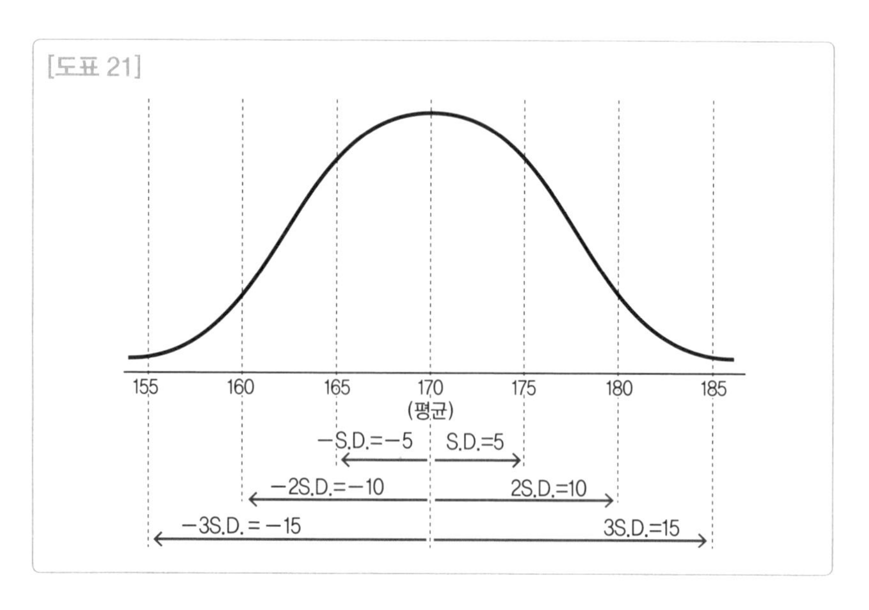

정규분포의 성질을 고려하며 이 그래프를 해석하면 다음과 같은 점을 알 수 있다.

165~175cm의 범위 내에 전체의 약 68%가 들어간다.
160~180cm의 범위 내에 전체의 약 95%가 들어간다.
155~185cm의 범위 내에 전체의 약 99%가 들어간다.

또 다음과 같이 해석할 수도 있다.

'183cm인 사람은 키가 큰 편이므로 2% 내에 들어간다.'

183cm인 사람은 180~185cm의 계급값에 들어간다. 이 부분에 해당하는 것을 그림 18에서 전체의 약 2%임을 알 수 있으므로 '키가 큰 편이므로 2% 내에 들어간다'고 할 수 있다.

'키가 175cm보다 큰 사람은 전체의 약 16%이다.'

175cm보다 큰 사람이란 도표 19를 보면, 3S.D.(170~185cm 범위)에서 S.D.(170~175cm) 범위를 뺀 부분이다.

도표 18을 보면 해당 부분은 약 16%임을 알 수 있다.

전체 데이터의 수를 알고 있으면,

'175cm~180cm 범위에 몇 명이 있는가'

라는 점도 알 수 있다.

정규분포는 그 성질이 상당히 많이 증명되어 있다.

그러므로 **그 데이터가 '정규분포'임을 알기만 해도 여러 가지 계산이나 분석을 수월하게 할 수 있다. 정규분포는 이렇게 편리하고 고마운 존재다.**

가우스가 증명한 표준정규분포

▌'오차'란 무엇인가

관측값의 오차는 정규분포를 따른다고 처음 증명한 사람은 독일의 수학자 가우스다.

18세기부터 19세기까지 활약한 가우스는 수학은 물론 물리학과 천문학에서도 큰 공적을 남긴 천재다. 독일은 그 천재에게 경의를 표하며 예전 10마르크 지폐에 정규분포를 인쇄하기까지 했다.

당시 먹고 살기 위해 천문대 관장을 맡았던 가우스는 망원경으로 별을 관측하여 위치나 거리를 측정하는 일을 했다. 그러자 수치가 딱 맞지 않는다는 사실을 알아차렸다.

항상 오차가 있었던 것이다. 가우스가 '오차'에 대해 연구해서 도출된 것이 바로 '정규분포'다.

왜 오차에 주목하는 것이 중요했을까?

오차는 사격을 예로 들면 이해하기 쉽다.

사격을 해본 적이 있는 여성은 많지 않겠지만, 여기서는 과녁을 향해 사격하는 경우를 생각해보자. 과녁은 원형이고 탄환이 적중하면 구멍이 난다. 과녁의 중심 부분을 겨누면 고득점을 얻을 수 있고 중심에서 멀어질수록 점수가 낮아진다.

당연히 사격하는 사람은 정중앙을 노릴 것이다.

그런데 10발, 20발 사격을 하면 아무리 사격의 명사수여도 모든 탄환을 같은 위치에 적중시킬 수는 없다. 탄환의 흔적은 약간씩 다른 위치에 생긴다.

그 **다른 위치가 바로 '오차'**다.

정중앙에서 벗어나는 이유는 몇 가지를 생각할 수 있다.

총이 무거워서 팔이 떨렸을 수도 있고 바람이 영향을 주었을 수도 있다.

어떤 일로 마음이 흔들려서 과녁에서 빗나갈 수도 있다.

예측할 수 없지만 다양한 요인이 서로 연관되어 차이가 생긴다.

또 어느 정도로 차이가 생기는지는 사격하는 사람의 실력에도 달려 있다.

사격이 서툰 사람의 경우, 탄환이 여기저기로 튀고 심지어 과녁을 벗어나기도 한다.

하지만 사격을 잘하는 사람이라면 어떨까?

앞에서도 말한 것처럼 완전히 동일한 곳에 모든 탄환을 맞히기는 거의 불가능하다. 하지만 탄환은 조금씩 차이가 나지만 중심 부분에 모인다. 때로는 크게 벗어나기도 하지만 중심에 적중하는 횟수보다는 빈도가 적고 탄환 대부분은 중심에 모일 것이다.

여러 발을 과녁을 향해 쐈을 때 과녁에 명중해서 구멍이 난 부분을 점으로 표시하면 도표 22처럼 된다.

점은 중앙에 모여 있지만 오차가 생기므로 1개의 점이 되진 않는다. 무수히 많은 점이 중심 부분에 집중되고 겹쳐서 거기에 구멍이 뻥 뚫릴 것이다.

한편 과녁 중심에서 떨어진 부분에는 점이 여기저기 하나씩 흩어져 있다.

[도표 22]

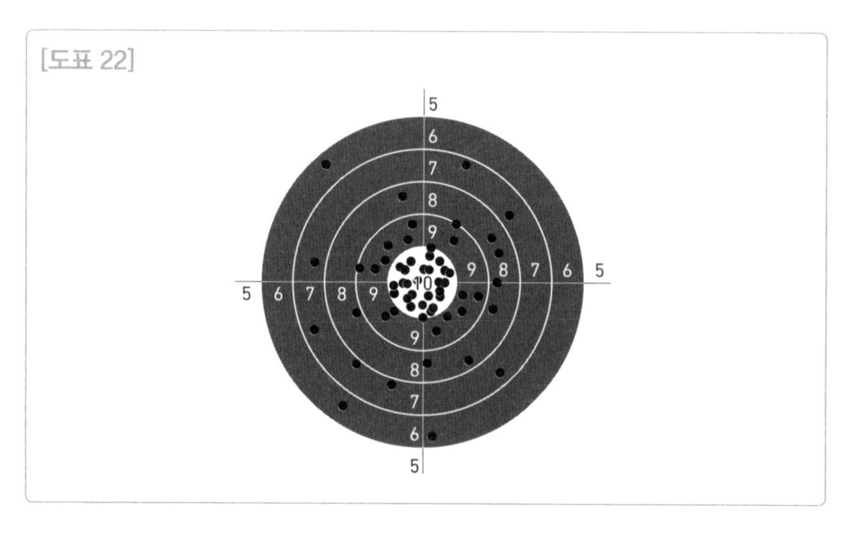

오차가 있기 때문에 집중된 부분은 있어도 1점이 되진 않으며 여기저기 구멍이 난다.

오차의 존재를 나타내는 이 그림을 수학적으로 가로축을 기준으로 보거나 세로축을 기준으로 보거나 절단해서 보면서 분석하고 무수히 많은 탄환의 궤도에 관한 데이터를 히스토그램으로 만들어보면 최종적으로는 도표 23과 같은 형태의 그래프가 된다.

[도표 23] 표준정규분포 그래프

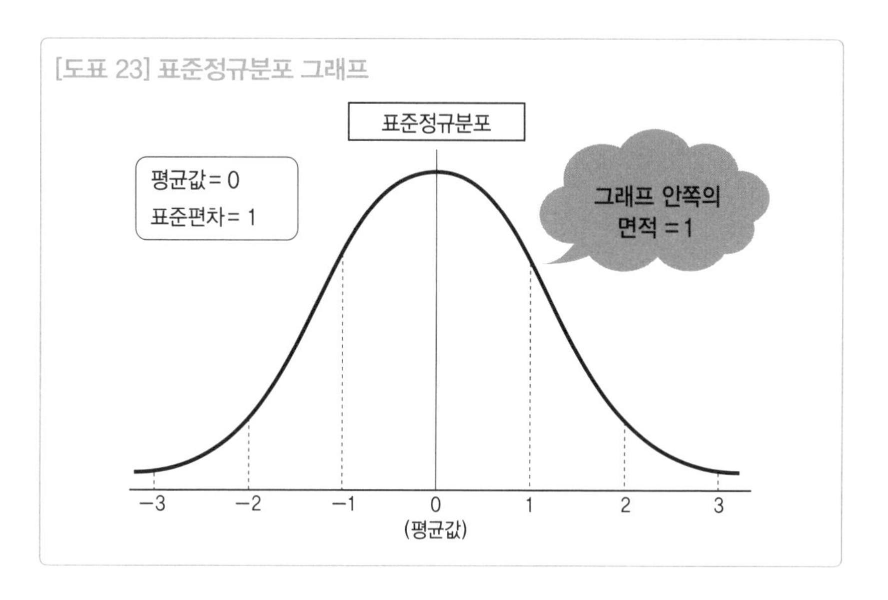

이것인 '표준정규분포' 그래프다.

참고로 수학적으로 어떻게 고찰하면, 이 그림의 히스토그램을 그릴 수 있는지는 생각하지 않아도 된다. 가우스가 우리 대신 명확하게 설명해 주었으니 말이다.

중고등학교 수준의 수학 지식으로 그 이유를 이해하기는 좀 어려우니 '이건 원래 이렇다'라고 믿으면 된다.

가우스가 올바른지는 이 세상의 모든 수학자가 확인했으니 안심해도 된다.

이제, 오차를 분석해서 '표준정규분포'를 도출하는 데 성공했다.

그런데 **표준정규분포**란 대체 무엇일까?

한 마디로 특별한 분포다.

좀 상세하게 말하자면, **'평균값이 0, 표준편차가 1인 정규분포'**를 가리킨다.

좀더 수학적으로 설명하자면, **표준정규분포의 상대도수는 그래프 안쪽의 면적으로 구할 수 있다.** 공식은 다음과 같다.

$$f(x) = \frac{1}{\sqrt{2\pi}} \exp\left(-\frac{x^2}{2}\right)$$

이렇게 아주 단순한 식으로 나타낼 수 있다.

이 식의 내용을 이해하려 하거나 굳이 외울 필요는 없다.

표준정규분포의 공식이 있다는 정도만 알면 된다.

사실 표준정규분포의 상대도수, 즉 그래프의 면적은 이미 0.01구간으로 계산되어서 '표준정규분포표'로 정리되어 있으니, 수식을 사용해서 계산하지 않아도 된다.

다음 장에서 소개할 도표 24는 표준정규분포표의 일부이다. 실은 이 표는 3가지 종류가 있다. 각각의 표에 나오는 수치에 따라 그래프 면적이 달라지지만, 기본적으로는 어느 표준정규분포표를 이용해도 상관없다.

[도표 24]

표준정규분포표

(Standard Normal Distribution)

표의 숫자는 전체 면적을 1.00이라고 했을 때,
X=0에서 X까지의 면적을 나타낸다.

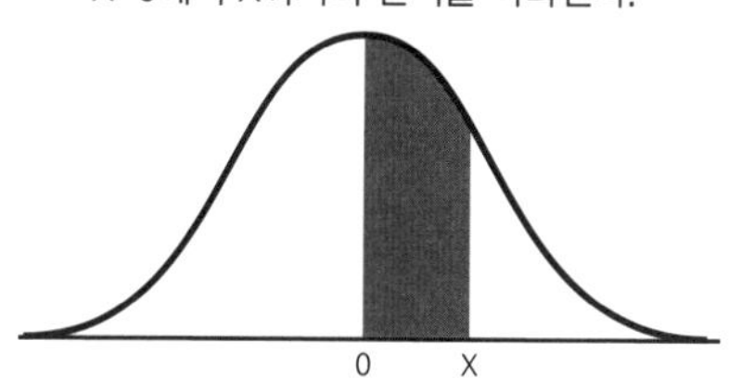

예를 들어 X=1.00인 경우, '.3413'이며 빗금 친 부분의
면적이 전체의 34.13%임을 알 수 있다.

X	0	0.01	0.02	0.03	0.04	0.05	0.06	0.07	0.08	0.09
0.0	.0000	.0040	.0080	.0120	.0160	.0199	.0239	.0279	.0319	.0359
0.1	.0398	.0438	.0478	.0517	.0557	.0596	.0636	.0675	.0714	.0753
0.2	.0793	.0832	.0871	.0910	.0948	.0987	.1026	.1064	.1103	.1141
0.3	.1179	.1217	.1255	.1293	.1331	.1368	.1406	.1443	.1480	.1517
0.4	.1554	.1591	.1628	.1664	.1700	.1736	.1772	.1808	.1844	.1879
0.5	.1915	.1950	.1985	.2019	.2054	.2088	.2123	.2157	.2190	.2224
0.6	.2257	.2291	.2324	.2357	.2389	.2422	.2454	.2486	.2517	.2549
0.7	.2580	.2611	.2642	.2673	.2704	.2734	.2764	.2794	.2823	.2852
0.8	.2881	.2910	.2939	.2967	.2995	.3023	.3051	.3078	.3106	.3133
0.9	.3159	.3186	.3212	.3238	.3264	.3289	.3315	.3340	.3365	.3389
1.0	.3413	.3438	.3461	.3485	.3508	.3531	.3554	.3577	.3599	.3621
1.1	.3643	.3665	.3686	.3708	.3729	.3749	.3770	.3790	.3810	.3830
1.2	.3849	.3869	.3888	.3907	.3925	.3944	.3962	.3980	.3997	.4015
1.3	.4032	.4049	.4066	.4082	.4099	.4115	.4131	.4147	.4162	.4177
1.4	.4192	.4207	.4222	.4236	.4251	.4265	.4279	.4292	.4306	.4319
1.5	.4332	.4345	.4357	.4370	.4382	.4394	.4406	.4418	.4429	.4441
1.6	.4452	.4463	.4474	.4484	.4495	.4505	.4515	.4525	.4535	.4545
1.7	.4554	.4564	.4573	.4582	.4591	.4599	.4608	.4616	.4625	.4633
1.8	.4641	.4649	.4656	.4664	.4671	.4678	.4686	.4693	.4699	.4706
1.9	.4713	.4719	.4726	.4732	.4738	.4744	.4750	.4756	.4761	.4767
2.0	.4772	.4778	.4783	.4788	.4793	.4798	.4803	.4808	.4812	.4817
2.1	.4821	.4826	.4830	.4834	.4838	.4842	.4846	.4850	.4854	.4857
2.2	.4861	.4864	.4868	.4871	.4875	.4878	.4881	.4884	.4887	.4890
2.3	.4893	.4896	.4898	.4901	.4904	.4906	.4909	.4911	.4913	.4916
2.4	.4918	.4920	.4922	.4925	.4927	.4929	.4931	.4932	.4934	.4936
2.5	.4938	.4940	.4941	.4943	.4945	.4946	.4948	.4949	.4951	.4952
4.7	.49999	.49999	.49999	.49999	.49999	.49999	.49999	.49999	.49999	.49999
4.8	.49999	.49999	.49999	.49999	.49999	.49999	.49999	.49999	.49999	.49999
4.9	.499995	.499995	.499995	.499995	.499995	.499995	.499995	.499995	.499995	.499995
5.0	.499997									

출처 : 나루미 세이마쓰, 사카이 다다쓰구 1952 수리통계학요설 주식회사바이후칸(培風館)

참고 URL https://www.koka.ac.jp/morigiwa/sjs/standard_normal_distribution.htm

표준정규분포표를 해석하려면 약간의 요령이 있어야 한다.

도표 24의 표의 일부를 확대한 도표 25를 보면서 그 점을 알아보자.

예를 들어 'X=0.34'는 표의 세로축의 0.3과 가로축의 0.04가 교차하는 부분을 보면 된다. 답은 '0.1331'이다.

이것은 그래프의 평균점에서 X까지의 면적이 전체의 13.31%라는 사실을 나타낸다.

또 거꾸로 살펴볼 수도 있다.

'전체의 20%에 해당하는 X값'을 구하고 싶을 때는 표에서 0.2000에 가장 가까운 수치를 찾는다. 그러면 0.1985라는 것을 알 수 있다. 이 수치를 왼쪽으로 그리고 위로 거슬러 올라가면 0.5와 0.02라는 수치가 교차하는 곳에 있다는 것을 알 수 있다. 즉 'X=0.52'임을 알 수 있다.

[도표 25]

X	0	0.01	0.02	0.03	0.04	0.05	0.06
0.0	.0000	.0040	.0080	.0120	.0160	.0199	.0239
0.1	.0398	.0438	.0478	.0517	.0557	.0596	.0636
0.2	.0793	.0832	.0871	.0910	.0948	.0987	.1026
0.3	.1179	.1217	.1255	.1293	.1331	.1368	.1406
0.4	.1554	.1591	.1628	.1664	.1700	.1736	.1772
0.5	.1915	.1950	.1985	.2019	.2054	.2088	.2123
0.6	.2257	.2291	.2324	.2357	.2389	.2422	.2454
0.7	.2580	.2611	.2642	.2673	.2704	.2734	.2764
0.8	.2881	.2910	.2939	.2967	.2995	.3023	.3051

사실, 지금 단계에서는 표준정규분포표를 이용해서 통계학적 계산을 하려고 생각하지 않아도 된다.

우리가 알아야 할 것은 표준정규분포가,

평균값 = 0
표준편차(S.D.) = 1

이라는 특징이 있는 정규분포이며, 그 상대도수는 이미 밝혀졌다는 점이다.

이것이 무엇을 의미할까?

어떤 현상에 대해 데이터가 모였을 때, 그 데이터의 분포가 표준정규분포임을 안다면, 통계학적 분석을 훨씬 쉽게 할 수 있다.

데이터를 '정규화'한다

그런데 이 세상이 그렇게 우리 입맛대로 굴러가진 않는다. 표준정규분포가 되는 현상이 눈에 띄지 않을 수도 있다. 아무리 쉽게 계산할 수 있는 편리한 분포라고 해도 데이터가 없으면 소용이 없지 않을까? 아니, 그렇지 않다.

다만 쓸모 있게 만들려면 해야 할 과정이 하나 더 있다.

바로 **'정규화'**라는 방법이다.

그 방법을 왜 '정규화'라고 하는 걸까?

이 용어에는 특별한 의미가 있는 것일까?

이런 점을 신경 쓰지 않아도 된다.

정규분포임을 알고 있는 데이터를 '정규화'하는 것은 통계학의 기본 중의 기본이다.

그러면 '정규화'란 어떻게 하면 될까?

아주 간단하다. 다음 공식에 데이터를 집어넣으면 된다.

데이터 X가 정규분포일 때,

$$Y = \frac{X - X\text{의 평균값}}{X\text{의 S.D.}}$$

라는 계산으로 X를 Y로 변환한다.

이것이 '정규화'다.

왜 이렇게 계산하면 '정규화'가 되는 것일까?

앞에서도 말했지만, 그 이유는 생각하지 않아도 된다.

다행히 과거에 현명한 학자가 그 생각의 근거를 규명했다. 그 과정을 이해하는 것은 수학적으로 대단히 재미있지만 어려운 일이기도 하다.

그러니 왜 그런지 이유를 알려고 하기보다는 '원래 이런 것'이라고 생각하는 것이 낫다.

그러면 정규화라는 과정이 왜 필요할까?

이것은 중요하다.

어떤 현상에 대한 데이터를 수집하면, 그 데이터는 퍼짐이 있는 분포를 이룬다고 앞에서도 설명했다.

이런 데이터 집단이 여러 개 있으면, 각각의 집단이 모두 정규분포를 이룬다 해도 그 데이터들의 '평균값'과 '표준편차'도 제각각일 것이다.

그러면 당연히 그래프의 형태도 제각각이다.

하지만 어떤 데이터이든 그것이 '정규분포'를 이룬다면 그 데이터를 '정규화'함으로써 같은 특징을 갖고 같은 형태의 그래프가 되는 데이터로 변환할 수 있다.

정규분포를 이루는 데이터 X를 정규화하면 Y라는 변환된 데이터가 나온다. Y라는 데이터의 분포는 모두 다음과 같은 특징을 지닌다.

평균값 = 0
S.D. (표준편차) = 1

어떤 데이터이든 정규화하면 반드시 위의 조건을 충족하는 데이터로 변환된다.

그런데 이 조건은 어디서 많이 본 것 같지 않은가?

바로 표준정규분포의 특징 그대로이다.

즉 **데이터가 정규분포를 이룰 경우, 이 데이터를 정규화하면 표준정규분포와 같은 특징이 있는 데이터로 변환할 수 있다.** 데이터를 정규화하면 단순하고 쉽게 데이터를 이해할 수 있다. 그래서 표준정규분포가 중시되는 것이다.

그래도 무엇이 어떻게 도움이 된다는 것인지 와 닿지 않는 사람도 있을 것이다. 여기서 문제를 하나 풀어보자.

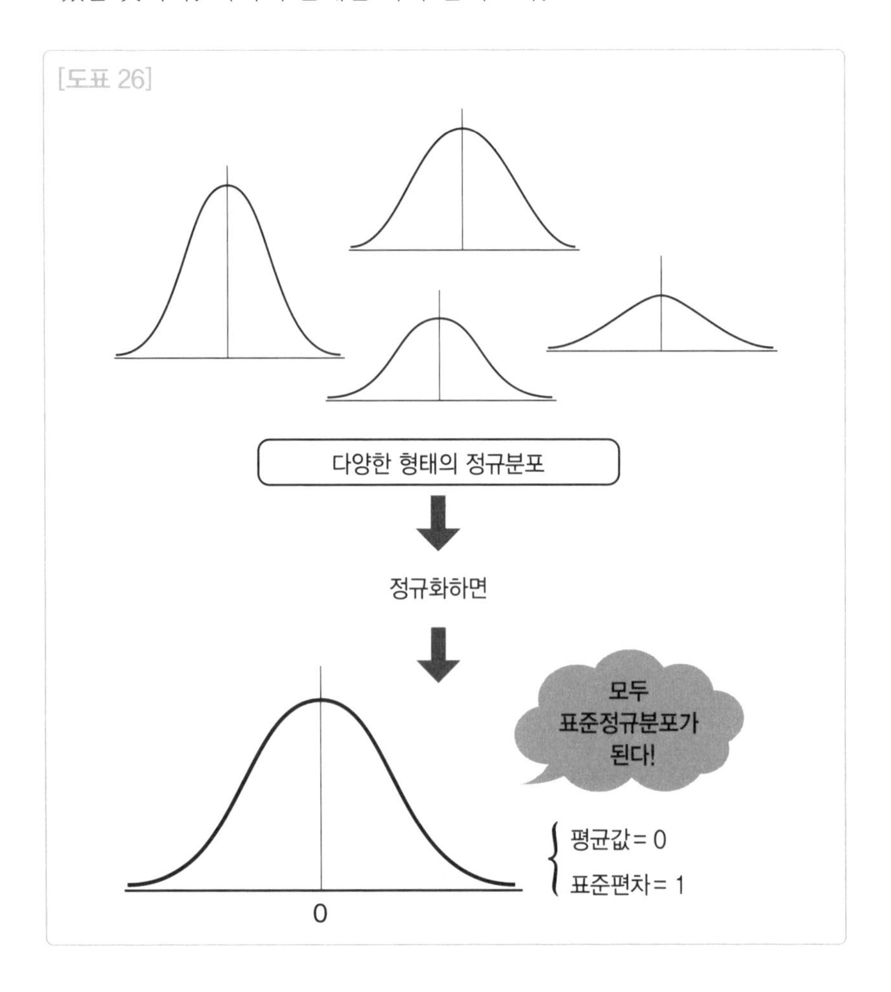

예제

어떤 반에서 시험을 보았다. 결과는 평균 점수가 76점, 표준편차가 12인 정규분포를 이루었다. 이때 85점 이상인 학생은 몇 %일까?

일단 지금까지 배운 내용을 이용해서 풀어보자.

즉 '정규화'를 해보자. 공식은 다음과 같다.

$$Y = \frac{X - X\text{의 평균값}}{X\text{의 S.D.}}$$

이 경우, X에 '85'를 대입하면 된다.

$$Y = \frac{85 - \text{평균값 }76}{\text{S.D.}12} = 0.75$$

Y는 0.75이다.

이 숫자를 표준정규분포표에서 찾으면 된다.

84쪽으로 돌아가 그림 25를 다시 한번 보자.

0.75는 '0.2734'라는 것을 알 수 있다.

그러므로 85점 이상인 사람의 비율은 약 27%…라고 생각하는가? 잠깐 기다리자.

실은 도표 25의 표준정규분포표는 도표 27의 평균값 0에서 Y까지, 즉 옅은 회색 부분의 면적을 나타낸다.

다시 말해 여기서 구해야 할 것은 그 부분이 아니다.

도표 27의 Z 부분이다.

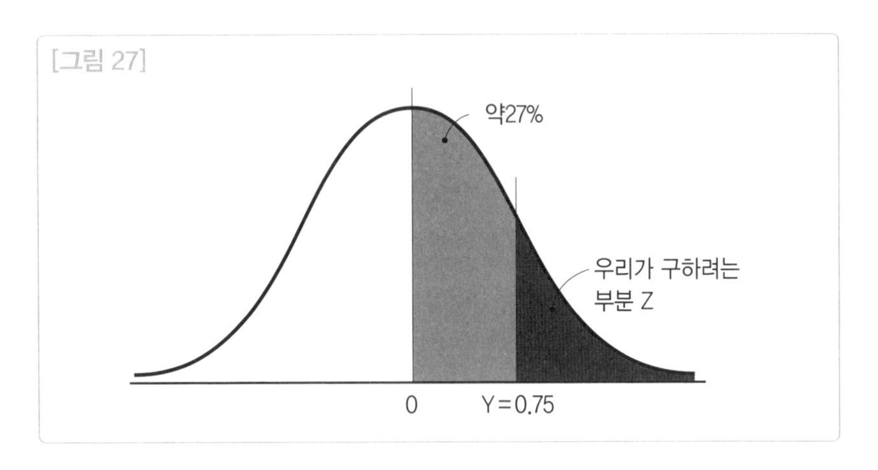

그러므로 계산을 한 번 더 해야 한다.

표준정규분포의 그래프 내의 면적은 항상 1, 즉 100%이다.

그림은 좌우대칭이므로 오른쪽 반의 면적은 50%이다. 그러므로 Z부분의 면적의 비율은 다음과 같다.

$$Z = 50 - 27 = 23$$

즉 이 시험에서 85점 이상을 맞은 사람은 약 23%이다.

참고로 이 문제는 3종류인 표준정규분포표 중 다른 하나를 이용하면 마지막 과정을 거치지 않고도 바로 답할 수 있다.

하지만 표준정규분포의 성질을 확실히 이해하는 사람은 표준정규분포표의 종류에 상관없이 답을 도출할 수 있다.

정규분포가 통계학을 수월하게 하는 이유

통계학은 먼저 '가정'을 한다

정규분포, 표준정규분포에 관해 배웠다.

수식과 그래프가 연달아 나오고 문제까지 풀었으므로, 슬슬 피로감이 몰려오는 사람도 있을 것이다. 정규분포에 관해 기본적인 사항을 설명했으니, 이제 화제를 좀 바꿔보자.

지금까지 '모인 데이터가 정규분포이면……'이라는 말을 했는데, 통계학에서는

'이 데이터는 정규분포를 따른다'

라는 식으로 말한다. '따른다'는 정규분포를 이룬다는 뜻으로 통계학 특유의 말투다.

그래서 종종 발생하는 오해가 있다. 실제로 통계학으로 데이터를 분석할 때, 평균값이나 표준편차를 분명하게 구한 다음 '그러면 다음에는 이게 정규분포인지 확인하는' 과정을 거칠 것이라는 오해다. 사실 이것은 대단히 어려운 작업이다.

물론 통계학 전문가라면 통계학 실력을 발휘해서 이 데이터가 정규분포를 따르는지 밝힐 수 있겠지만 이것은 전문적인 영역이다.

초보자는 물론 통계학을 어느 정도 배운 사람도 그렇게 하기 어

렵다.

그래서 통계학을 배울 때는 가장 알기 쉽고 다루기 쉬운 정규분포부터 배운다.

키나 소득 등 그 데이터가 정규분포를 이루는지 아닌지, 이미 밝혀진 상태에서는 문제 될 것이 없다. 하지만 어느 쪽인지 확실하지 않은 데이터는 일단 '아마 정규분포일 것이다'라는 가정 하에 분석하는 경우가 많다.

정규분포라고 가정하면 계산하기도 편하고 분석도 쉽게 할 수 있기 때문이다.

그러나 때에 따라서는 그 가정이 완전히 잘못되었다고 나중에 확인되기도 한다.

하지만 다양한 요인이 겹치고 우연성이 높을수록 정규분포를 이루기 쉽다는 점은 이미 증명된 사실이다. 이런 조건은 다른 분포에는 없는 성질이므로 그만큼 가정하기 쉬운 분포이다.

동시에 정규분포가 아닐 것이라는 가정도 세우기 쉽다.

참고로 사회 · 경제에 관한 통계에는 정규분포가 아닌 것이 많다.

다시 말해 통계학을 비즈니스에 적용하고 싶은 사람에게는 정규분포를 볼 기회가 별로 없을 수 있다.

앞서 말했듯이 비즈니스 분야에는 편향성이 있는 정보나 데이터일수록 가치가 있다.

우연이나 우발성이 강한 데이터를 수집하는 것은 별 의미가 없다. 그러므로 당연히 정규분포를 이루지 않는다.

반대로 자연과학 분야에는 정규분포가 자주 등장한다. 어떤 현상에 관한 요인이 여러 가지이고 인간의 인위적인 의도가 개입되지 않는 부분이 크기 때문이다.

또 연습문제로 등장했지만, 실은 시험 점수도 정규분포를 이루기 어렵다.

도표 28처럼 산이 두 개 있는 모양의 그래프를 그리는 경우가 더 많다. 이것을 **'양극화'**라고 한다.

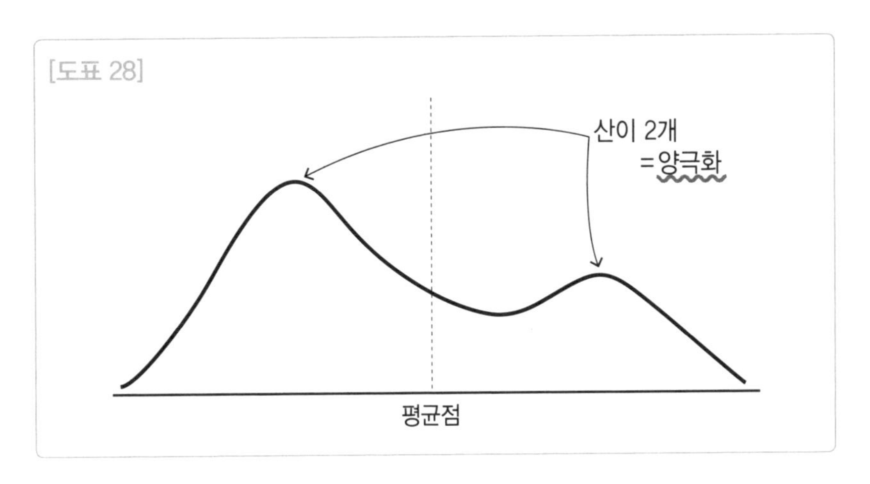

공부를 잘하는 사람과 잘못하는 사람으로 나뉘기 때문이다.

지능은 부모에게 받는 유전적인 요소라고 생각하기 쉽지만, 태어

난 뒤 얼마나 많이 공부했는지, 무엇을 어떻게 배웠는지 등 후천적 요소도 크게 영향을 미친다.

그래서 정규분포를 이루기 어려운 것이다.

통계학의 '정규분포'라는 분포만 알아도 이 세상이 살짝 다르게 보일 것이다.

선척적 요인이 강한지 후천적 요인이 강한지, 이 점만으로도 데이터의 성질이 다르다.

통계학을 모르면 여간해서는 그 점을 깨닫지 못한다.

그러나 여러분은 앞으로 **어떤 사물을 볼 때 항상 '이것은 정규분포일까?'라는 관점에서 생각**할 수 있다.

조금 더 현명해진 것이다.

3 장

이항분포

— 세상의 '온갖 현상'이 여기에 있다

이항분포란 무엇인가?

이항분포는 확률분포의 일종이다

통계학이 어떤 것인지 이제 어느 정도 알게 되었을까?

2장에서 분포의 왕인 '정규분포'에 대해 배웠으니, 이 장에서는 '이항분포'에 관해 살펴보겠다.

왜 '이항분포'에 대해 배울까?

그것은 **'어느 조건이 충족되면 이항분포는 정규분포와 같아진다'** 라는 점을 알고 있기 때문이다. 위대한 학자들이 이미 증명했고 나 또한 증명할 수 있다.

또 이항분포는 이 세상의 다양한 현상에서도 흔히 보이는 분포이다. 그래서 여러분이 '그 현상도 이항분포구나!'라고 쉽게 발견할 수 있는 분포이기도 하다.

현상을 쉽게 떠올릴 수 있으면 이해하기도 쉬운 법이다.

이항분포는 '확률분포'의 일종이다.

그러면 '확률분포'란 무엇일까?

어렵게 생각하지 않아도 된다. 말 그대로 **확률의 분포**라는 뜻이다.

여기서 1장에 등장한 도표 9의 히스토그램을 다시 한번 살펴보자. 이해를 돕기 위해 각 계급값의 도수도 기재했다.

[도표 29]

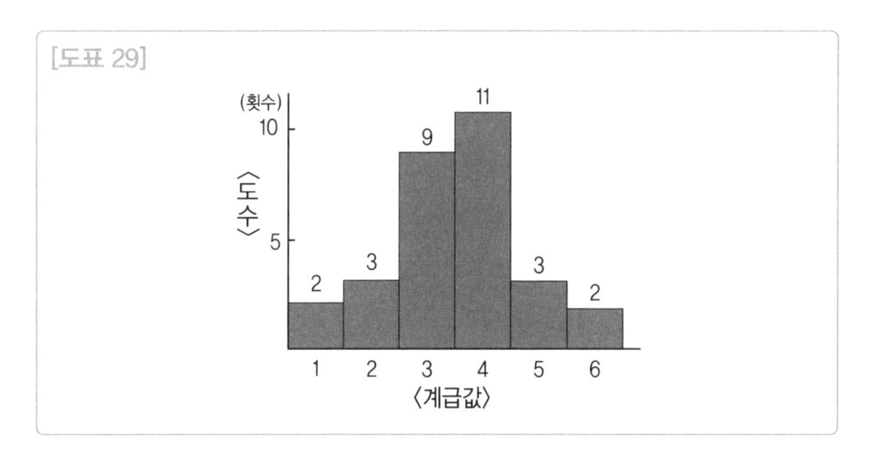

이것은 주사위를 30번 던져서 나온 숫자의 횟수를 히스토그램으로 나타낸 것이다.

따라서 세로축은 '도수'이다. 이 히스토그램을 도수가 아닌 '확률'로 나타내면 다음과 같다.

[도표 30]

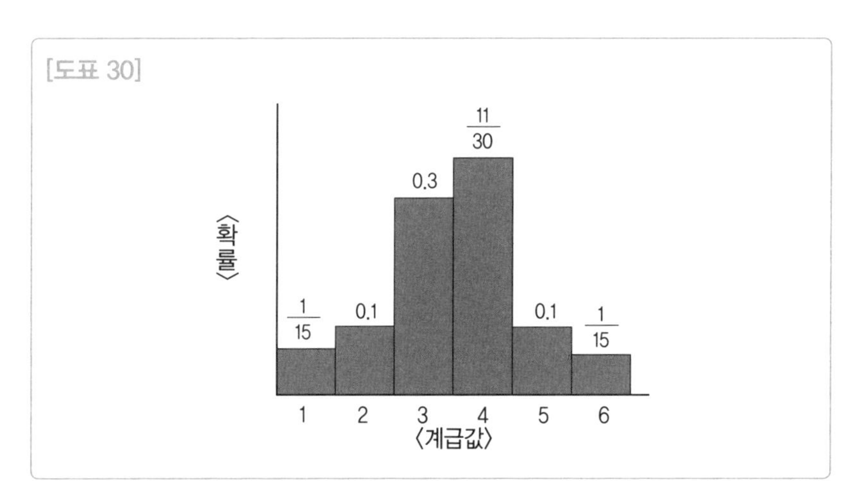

각 계급값의 도수를 전체 횟수인 30으로 나눈 것이 확률이다.

숫자 표기가 달라질 뿐 히스토그램의 형태는 그대로이다.

이렇게 데이터가 등장하는 '도수'가 아니라 '확률'의 분포를 '확률분포'라고 한다.

확률분포는 첫째로
'0 이상의 값을 가진 확률이 1 이상이다'
두 번째로
'데이터의 확률을 모두 합한 값은 1이 된다'
라는 특징이 있다.

여기서 중요한 것은 **'모두 합한 값'**이라는 점이다. 확률분포에서는 누락된 데이터가 있으면 의미가 없기 때문이다.

확률분포를 설명할 때는 종종 주사위를 예로 든다.

주사위를 던지면 1~6 사이의 숫자가 나온다.

물론 깨진 부분도 없고 속임수도 없으며 일부러 특정 숫자가 나오게끔 주사위를 던지는 일이 없다는 것이 전제 조건이다. 이 때 1~6이 나올 확률은 다음과 같다.

[도표 31]

번호	1	2	3	4	5	6
확률	$\frac{1}{6}$	$\frac{1}{6}$	$\frac{1}{6}$	$\frac{1}{6}$	$\frac{1}{6}$	$\frac{1}{6}$

이 표는,

① 0 이상의 값을 가질 확률이 1 이상이다
② 확률을 모두 합한 값이 1이다
③ 누락된 데이터가 없다

라는 확률분포의 조건을 모두 충족한다. 그러므로 이것은 확률분포라고 할 수 있다.

그리고 **이항분포도 확률분포이므로 위의 3가지 조건이 충족되어야만 이항분포라고 할 수** 있다.

이항분포를 이해하기 위한 전제 '조합'

단순히 말하자면 확률분포란 히스토그램을 도수가 아닌 확률로 바꿔서 쓴 것이다. 그리고 이항분포가 확률분포 중 하나라고 앞에서 말했다.

그러면 '이항분포'란 무엇일까?
어려운 설명은 좀 미루고, 우선 핵심부터 소개하겠다.

Point-5

이항분포란,

성공 확률을 p, 실패 확률을 $1-p$라고 하는 행동을 n번 할 때, k번 성공할 확률은,

$$P(X=k)={}_nC_k\, p^k(1-p)^{n-k}$$

이라는 식으로 계산할 수 있다.

…… 그런데 과연 이 식의 의미를 여러분이 이해했을까?

실은 이항분포를 이해하려면 '조합'에 대해 먼저 이해해야 한다. 이항분포의 정리식에서 '${}_nC_k$' 부분이다.

'조합'은 고등학교 수학에서 배웠을 것이다.

인문계였던 사람은 전혀 기억이 나지 않을 수도 있고 'C'라는 기호는 기억나지만 그게 어떤 내용인지 가물가물할 수도 있다.

그러므로 먼저 '조합'에 대해 설명하겠다.

통계학은 일단 잊고, 잠시 수학 공부를 하도록 하자.

만약 수학이 특기여서 조합을 완전히 이해할 수 있는 사람은 다음 항목은 건너뛰어도 상관없다.

'조합'과 '순열'을 알아보자

'조합'이란?

조합이란,

'서로 다른 n개 중에서 서로 다른 r개를 선택하는 조합'을 말한다.

"n개 중에서 r개를 선택하는" 것은 도표 32와 같이 기호로 나타낼 수 있다.

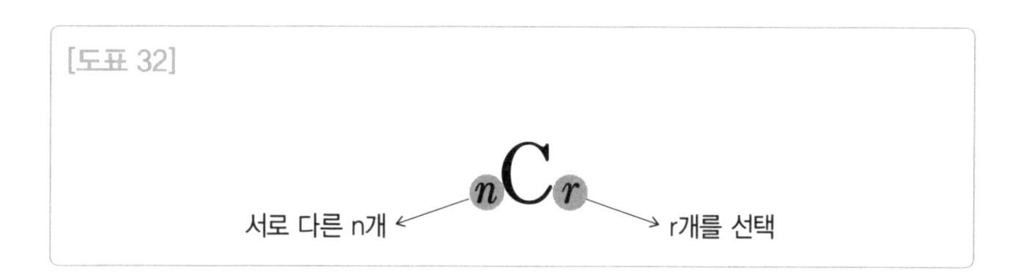

식을 말로 설명해서는 이해하기 어려울테니 구체적인 예를 들어 보자.

여기에 5명이 있다고 하자. 그들에게는 1, 2, 3, 4, 5라는 번호표를 나눠준다. 이 5명 중 2명을 선택한다면 몇 가지 조합이 있을까?

"5명 중에서 2명을 선택하는" 것은 도표 32를 참조하면 다음과 같이 나타낼 수 있다.

$$_5C_2$$

만약 "5명 중에서 3명을 선택하는" 것이라면 다음과 같다는 말이다.

$$_5C_3$$

'C'라는 기호의 왼쪽 아래에 전체 수, 오른쪽 아래에는 전체 중 골라낼 수를 적으면 된다.

기호의 의미를 알았으니 다음 진도를 나가자.

이 조합이 대체 몇 가지일까? 그 답을 계산해야 한다.

그러면 가장 간단하고 확실한 방법으로 답을 계산해보자.

모든 조합을 적어보면 된다. 겨우 5명 중에서 겨우 2명을 선택하는 조합을 생각하기만 하면 된다. 그러니 일일이 적어도 그렇게 힘들지 않다.

귀찮다고 생각하지 말고 종이와 연필을 갖고 와서 직접 적어보기 바란다.

그런데 이때 중요한 점이 있다. 중복되지도 않고 빠지지도 않게 적어야 한다.

5명은 각자에게 부여된 번호표의 번호로 표시하겠다. 여러분도 도표 33처럼 적었는지 확인해보자.

[도표 33]

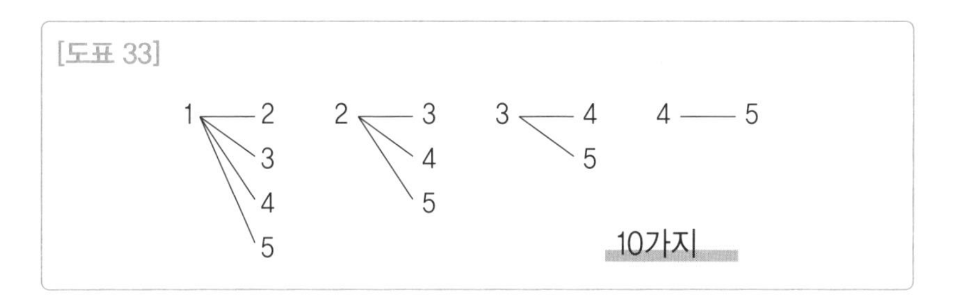

정답은 10가지다.

겹치거나 빠진 숫자는 없는지 확인해보자. 이 작업도 별로 어렵지 않을 것이다.

여기서 요령은 숫자가 들어갈 칸을 만들고, 그 칸에 숫자가 작은 순으로 집어넣는다고 상상하면 된다.

[도표 34]

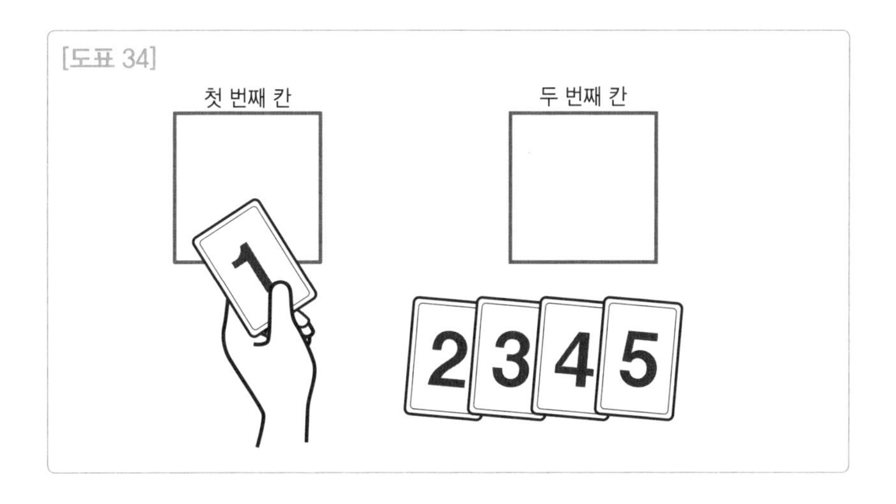

먼저, 첫 번째 칸에는 '1'을 넣는다.

이 경우 두 번째 칸에 넣을 수 있는 것은 2, 3, 4, 5의 4가지다.

다음으로 첫 번째 칸에 '2'를 넣는다.

이때 두 번째 칸에 '1'은 들어가지 않는다. 3, 4, 5만이 들어갈 수 있다.

왜냐하면 첫 번째 번호표를 가진 사람과 두 번째 번호표를 가진 사람의 조합은 이미 선택했기 때문이다.

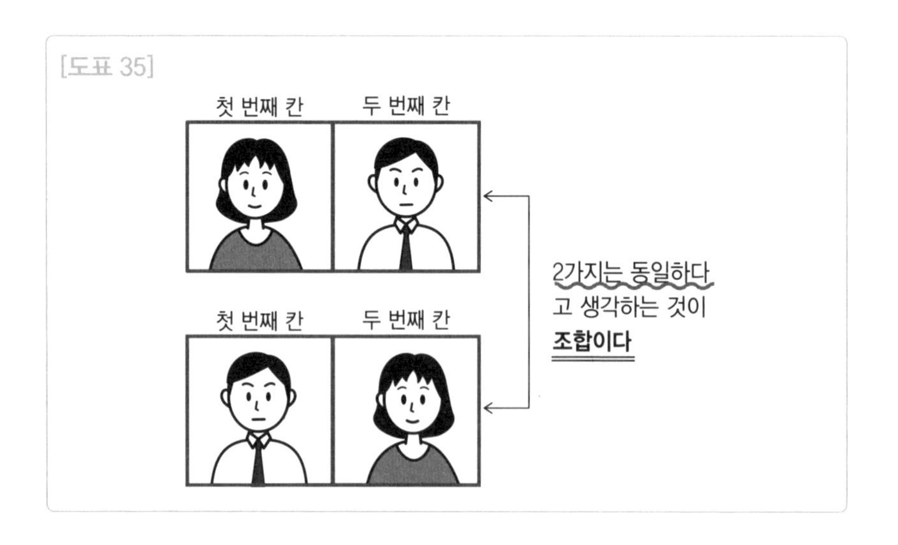

이런 식으로 첫 번째 칸이 '3'과 '4'인 경우에도 생각한다.

'5'는 이미 '1-5', '2-5', '3-5', '4-5'라는, '5'가 들어가는 모든 조합이 선택되었으므로 첫 번째 칸에 5가 들어오는 경우는 생각하지 않아도 된다.

이 방식에 따라서 숫자를 고르면 도표 33과 같이 모든 조합을 적을 수 있다.

순열이란?

조합에 대해 생각할 수 있게 되었고 문제의 답도 명확하게 나왔다. 이제 문제의 조건을 약간 변형해보자.

5명 중에서 2명을 선택하는 것은 같지만, 선택된 사람에게 앞뒤로 줄을 서게 한다.

5명 중에서 2명을 선택해서 줄을 세운다면, 몇 가지 형태가 될까?

앞의 문제와 다른 것은 '줄서는 법'을 고려해야 하는 것이다.

조합에서는 '1−2'라는 조합과 '2−1'라는 조합은 같은 것이며, 서로 겹치기 때문에 어느 하나를 배제해야 했다.

그런데 이번에는 그렇지 않다.

앞뒤로 서는 방식이 몇 가지인지 묻고 있기 때문이다.

첫 번째 사람이 앞에 설지, 두 번째 사람이 앞에 설지에 따라서 달라진다.

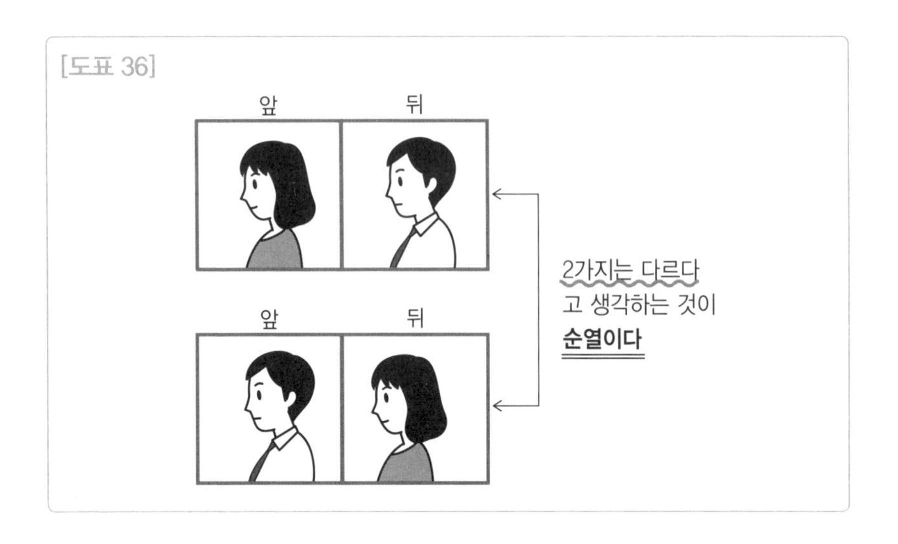

이렇게,

'서로 다른 n개 중에서 서로 다른 r개를 골라서 일렬로 세운다'

는 것을 **'순열'**이라고 한다.

그러면 모든 경우의 순열을 적어보자.

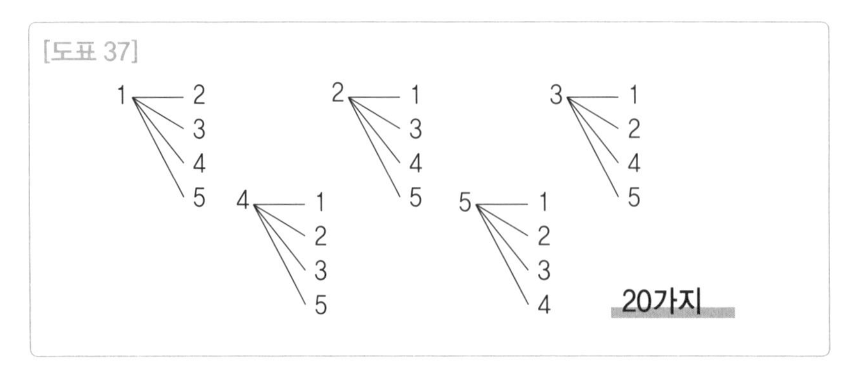

보다시피 20가지를 나열할 수 있다.

그런데 이 20가지 순열을 보면서 알아차린 점이 있을까?

먼저 앞에 선 사람이 다른 누군가를 선택할 때 뒤에 설 가능성이 있는 사람을 그다음에 선택한다. 예를 들어 1번인 사람이 앞에 선 다음, 뒤에 줄을 설 사람이 누구 될지는 2, 3, 4, 5의 4가지가 있다는 뜻이다.

그리고 앞에 선 사람이 2번인 사람이든, 3번인 사람이든, 4번인 사람이든, 5번인 사람이든, 즉 5명 중 누가 앞에 서든 간에 뒤에 서는 사람이 누가 될지는 '4가지 경우'가 된다.

다시 말해 이렇게 생각하면 된다.

앞줄에 누가 서는지는 1, 2, 3, 4, 5번 모든 사람에게 가능성이 있으므로 5가지다.

그리고 각각의 경우, 뒷줄에 서는 사람은 4가지 경우를 생각할 수 있다.

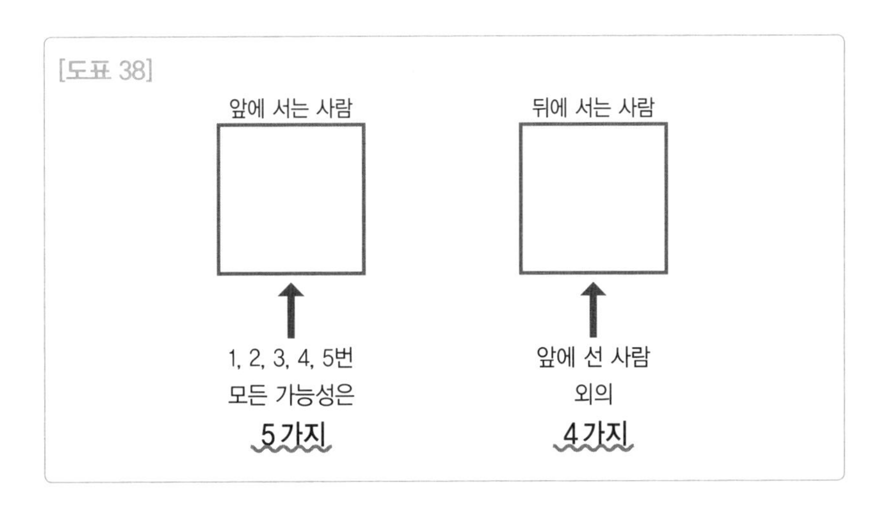

즉, 5명 중 2명을 골라서 줄을 서는 순열은,

$$5 \times 4 = 20$$

으로 계산할 수 있으며 20가지라는 결론이 난다.

앞에서 적었던 수와 같은 20이라는 숫자가 나왔다. 이것도 문제의 답이다.

이로써 n개의 다른 것에서 r개를 선택해서 줄을 세울 때 그 순열은,

$$n \times (n-1) \times (n-2) \times \cdots\cdots (n-r+1)$$

이라고 계산해서 구할 수 있다는 것을 알 수 있다.

n개 중에서 r개를 선택해서 줄을 세울 때, 첫 번째로 선택할 수 있는 것은 n가지다.

다음에 줄을 세울 수 있는 것은 첫 번째로 선택한 것 외, 즉 $n-1$가지다.

마찬가지로 세 번째로 선택할 수 있는 것은 첫 번째와 두 번째로 선택한 것 외, 즉 $n-2$이다.

이 과정을 r번째까지 반복하는데, r번째에 선택할 수 있는 것은 몇 가지일까?

지금까지 흐름으로 보자면, $n-r+1$가지다.

따라서 앞의 식이 성립된다.

조합은 '중복', 순열은 '별개'라고 생각한다

'조합'과 '순열(順列)'에 대해 이제 이해했을 것이다.

이것을 이해하지 못하면 다음으로 나아갈 수 없다.

하지만 우리가 반드시 이해해야 하는 것은 '이항분포'이며, '조합'과 '순열'은 이해하기 위한 전제일 뿐이다.

여러분은 이미 이 두 가지를 이해했다는 전제하에서 다음으로 넘어가자.

여기서 다시 한번, 앞의 문제를 살펴보자.

5명에서 2명을 선택하는 '조합' 문제와 같은 방식으로 2명을 선택해서 줄을 세우는 '순열' 문제다.

조합 → 10가지
순열 → 20가지

양자를 보면 조합보다 순열이 2배 많다.

이것은 당연하다. 조합에서는 '중복'으로 취급해서 배제한 패턴을 순열에서는 별개로 다루었기 때문에 발생한 차이이다.

그런데 왜 2배가 될까?

5명 중 2명을 선택하는 조합을 생각할 때, '1번인 사람 - 2번인 사람'과 '2번인 사람 - 1번인 사람'이라는 2가지 방식을 같은 것으로 간주했다.

'1-3'과 '3-1'도 그렇다. '4-5'와 '5-4'도 마찬가지다.

그러나 순열에서는 그 둘을 다르다고 본다.

'1번인 사람'과 '2번인 사람'을 줄을 세우는 순열은 2가지이며, 다른 번호의 조합도 마찬가지다.

그러므로 이 경우, 순열은 조합의 2배가 된다.

그러면 다른 문제에도 생각해보자.

5명 중 3명을 선택해서 줄을 세운다면 순열은 몇 가지일까?

또 5명 중 3명을 선택한다면 조합은 몇 가지일까?

먼저 순열부터 구해보자.

5명 중 3명을 선택에서 줄을 세우는 경우, 순열은 '3개의 칸에 숫자를 집어넣는다'고 생각하면 된다. 첫 번째 칸에 들어가는 숫자는 '5가지', 두 번째 칸에는 첫 번째 칸에 넣은 숫자 외의 숫자가 들어가므로 '4가지', 세 번째 칸에는 아직 칸에 들어 있지 않은 숫자가 들어가므로 '3가지'다.

즉,

$$5 \times 4 \times 3 = 60$$

순열은 60가지다.

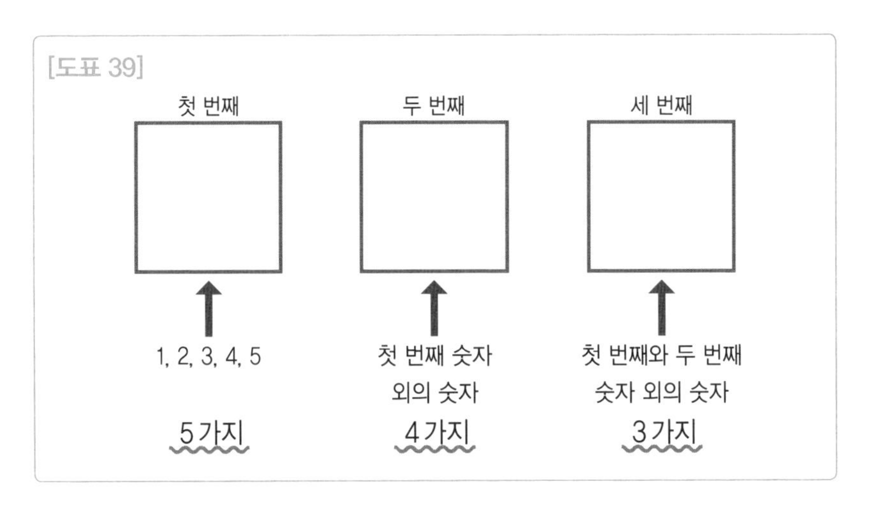

그러면 조합은 어떻게 생각하면 될까?

순열의 60가지에서 '중복'을 배제하면 조합의 답이 나온다.

가령 '1,2,3'이라는 3가지 숫자를 선택할 때, 그 숫자를 나열하는 방법은,

(1, 2, 3) (1, 3, 2) (2, 1, 3)
(2, 3, 1) (3, 1, 2) (3, 2, 1)

이렇게 6가지다.

하지만 조합에서는 이것을 하나로 생각한다.

숫자 3개를 골랐을 경우, 6가지의 중복 패턴이 있다고 생각하므로 조합은

$$60 \div 6 = 10$$

이라고 구하며, 따라서 조합은 10가지다.

수학은 공식을 몰라도 풀 수 있다

앞에서도 말했지만 나는 수학 공식을 따로 외우지 않는다. 외우려고 한 적도 없다.

학생 시절부터 지금까지 줄곧 그래왔다.

어떤 숫자가 있으며, 그 숫자를 근거로 실제로 수를 세어보면 되기 때문이다.

공식을 외우지 않으니까 '잊어버렸다'고 당황할 일도 없다.

수학 공식을 외우지 않으므로 어떤 상황에서든 생각하고 적어서 답을 낼 수 있다.

조합이나 순열만큼 단순한 이야기도 없지 않을까?

수를 세는 작업만 하면 되는데, 일부러 공식을 외워서 그 공식에 숫자를 대입해 답을 내려는 것 자체가 현명하지 못하다는 생각이 든다. 원래 기억은 점점 정확성을 잃어가기 마련이다.

매일 반복 연습을 한다면 별개이지만 수학의 어느 특정한 공식 따위는 학교를 졸업하며 금방 잊기 마련이다.

그 공식을 떠올리려는 노력이 낭비라는 말이다.

물론 100가지 숫자에서 30가지를 고른다는 식으로 숫자 규모가 커지면 과부족 없이 모든 조합을 써내려가기는 힘들다.

그러나 예제에서 했던 것처럼 순열인 어떤 것인지, 조합은 어떤 것이지 이해하고 있으면, 공식을 암기하지 않아도, 숫자의 경우를 전부 써보지 않아도 답을 도출할 수 있다.

복잡한 공식을 외워야 문제를 풀 수 있다.

그 공식을 잊어버리면 답을 낼 수 없다.

이런 착각이 이 세상에 수학을 싫어하는 사람들을 양산하는 듯하다.

그런데 수학은 재능이 있어야 한다.

못하는 사람은 못한다.

예를 들어 지금까지 조합에 관해서 여러 번 직접 적어서 문제를 풀어보았다. 그런데 이때 중복이나 누락이 있었던 사람은 수학적 센스가 부족하다는 말이다. (참고로 담당편집자에게 예제를 풀게 했더니, 아주 뚜렷하게 중복도 있고 누락도 있었다…….)

수학적 센스는 운동 신경과 같은 것으로 있는 사람도 있고 없는 사람도 있다.

어느 정도까지는 훈련으로 실력을 올릴 수는 있지만 어느 단계 이상으로 올라가면 그때부터는 재능이 좌우한다.

그러므로 이 책에서는 통계학 중 너무 복잡하고 난해한 부분은 언급하지 않기로 했다.

숫자, 수학, 공식을 피해 다니며 살아온 사람도 노력하면 이해할 수 있는 수준만 다룬다.

통계학 서적이지만 조합과 순열에 대해 많은 부분을 할애한 것은 그 때문이다.

이 부분을 이해할 수 있으면 그리 어렵지 않게 이항분포도 이해할 수 있다.

반대로 이 부분을 이해하지 못한 채로 이 책을 읽어 가면 더욱 머리가 복잡해질 수도 있다.

하지만 나는 최대한 쉽고 친절하게 설명할 생각이다.

그러니 숫자에 거부감을 느끼는 사람도 마음 놓고 계속 읽어나가길 바란다.

자, 그럼 고등학교 수학의 세계에서 벗어나 통계학의 세계로 돌아가자.

주사위를 이용해서 이항분포를 이해하자

베르누이 시행이란 무엇인가

그럼, 이 장에 제목인 '이항분포' 이야기로 돌아가자.

먼저, 지난번에 나온 이야기를 다시 한번 훑어보겠다.

이항분포란,

성공 확률을 p, 실패 확률을 $1 - p$라고 하는 행동을 n번 할 때, k번 성공할 확률은,

$$P(X=k) = {}_nC_k\, p^k (1-p)^{n-k}$$

이라는 식으로 계산할 수 있다.

…라고 앞에서 이야기했다.

'C'의 기호 부분이 무엇을 의미하는지 독자 여러분도 이제 알고 있을 것이다.

그러나 무슨 뜻인지 모르는 부분도 아직 있다.

그 부분을 하나씩 살펴보자.

먼저 '베르누이 시행'에 대해 알아보겠다.

베르누이 시행은 어떤 시행의 결과가 두 가지 결과(성공과 실패) 중 하나밖에 없는 시행을 말한다.

예를 들어,

- 동전을 던졌을 때 앞면이 나오는가, 아니면 뒷면이 나오는가.
- 경기에 이기는가, 지는가.
- 상품을 파는가, 못 파는가.
- 로또가 당첨되는가, 못 되는가.
- 어떤 행위가 성공하는가, 실패하는가.

이 모든 것을 통틀어 베르누이 시행이라고 한다.

주사위를 던질 때,
'1이 나올지, 그 외의 숫자가 나올지'를 조사하는 경우, 결과는 '1인가', '1이 아닌가'라는 2가지밖에 없으므로 이것도 베르누이 시행이다.

그러나 '무슨 숫자가 나올 것인지' 조사하는 경우는 베르누이 시행이 아니다. 결과가 6가지이기 때문이다.

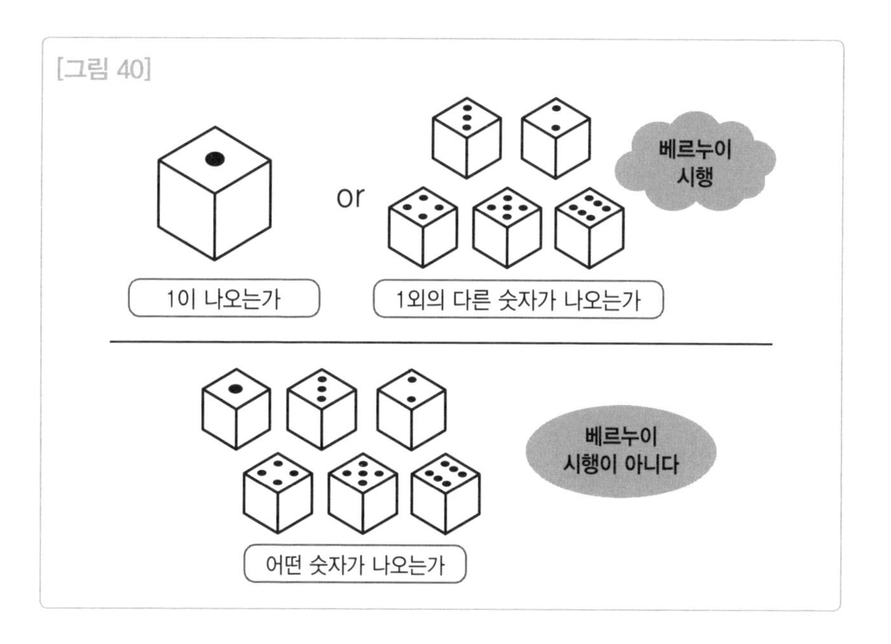

베르누이 시행은 일반적으로 2가지 결과 중 하나를 '성공', 다른 쪽을 '실패'로 간주한다.

성공할 확률을 p라고 하면, 실패할 확률은 $1 - p$라고 할 수 있다.

베르누이 시행 결과는 2가지밖에 없으므로 성공할 확률과 실패할 확률을 더한 값은 1이 된다.

'성공 확률을 p, 실패 확률을 $1 - p$라고 한다'는 문구를 어디선가 본 기억이 있지 않은가?

앞에서 말한, 이항분포의 정리식을 다시 한번 보자. 전제조건으로 같은 문구가 있을 것이다.

이로써, 이항분포가 베르누이 시행을 했을 때의 확률분포임을 알 수 있다.

여러 가지 값의 범위 '확률변수'

다음으로 '확률변수'에 대해서도 잠깐 알아보자.

확률변수는 어떤 현상이 얻을 수 있는 여러 가지 값의 범위를 말한다.

이렇게 말해도 확실히 와닿지 않을 것이므로, 주사위를 예로 설명하겠다.

주사위를 던지면 어떻게 될까?

당연히 1에서 6까지 중 어느 하나가 나온다.

즉 '주사위를 던진다'는 현상의 결과가 얻을 수 있는 값은 1, 2, 3, 4, 5, 6 이렇게 여러 가지다.

그리고 6개 중 어느 하나가 나온다는 사실은 알지만, 실제로 주사위를 던졌을 때 무슨 숫자가 나올지는 모른다.

이 경우, '주사위의 확률변수 X는 1~6까지의 범위'라는 결론이 나온다.

확률변수는 일반적으로 X로 표시되는데, 이것은 1개의 숫자가 아닌, 얻을 수 있는 값의 모든 범위를 나타낸다.

또한 주사위는 X가 1~6까지의 어떤 값이건, 그 확률은 $\frac{1}{6}$이다.

이것은,

$$P(X)=\frac{1}{6}$$

라고 쓸 수 있다. 만약 X값이 1이라면, 그 확률은,

$$P(X=1)=\frac{1}{6}$$

이라고 쓴다.

그러면 마지막 식, 특히 이 공식의 왼쪽을 주의 깊게 살펴보자.

어디서 비슷한 식을 본 적이 없는가?

기억이 난 사람은 이미 그 페이지를 찾아 펼쳐서 확인하고 있을 것이다.

바로, 이항분포의 정리식에서 이 식을 볼 수 있다.

$$P(X=k)$$

라는 표기는 **'이것은 확률변수 X가 k일 때의 확률을 구하는 식이에요'**라고 말하는 것이다.

이제 이항분포의 정리식에 나온 기호나 식에 대해 전부 이해할 수 있게 되었다.

드디어 이항분포에 대해 자세히 설명할 수 있게 된 것이다.

주사위로 해석하는 '이항분포'

자, 이항분포 이야기를 해보자.

어려운 정리식은 이미 소개했지만, 여기서는 잠시 접어두자.

그 대신 지금까지 독자의 이해를 돕기 위해 여러 번 등장해 준 주사위에 다시 한번 도움을 청하자.

이항분포를 이해하는 데 가장 적합한 도구는 주사위다.

이항분포는 베르누이 시행을 n번 했을 때, k번 성공할 경우의 확률을 나타낸다고 설명했다.

그 말을 이해하지 못하는 이들이 많을테니 여기서 자세히 살펴보겠다.

주사위를 3번 던진다고 하자.

그때 1이 나오면 성공, 그 외의 숫자가 나오면 실패라고 생각하겠다.

즉 성공할 확률은 $\frac{1}{6}$이고 실패할 확률은 $\frac{5}{6}$이다.

그러면 주사위를 3번 던졌을 때, 성공하는 횟수, 즉 1이 나오는 횟수를 k회라고 하면, 성공 확률은 어떻게 구하면 될까?

이것은 확률 문제이므로 먼저 전체 수를 파악해야 한다.

다시 말해 주사위를 3번 던졌을 때 성공과 실패 모두 몇 가지가 나올 수 있는가, 하는 점이다.

주사위를 던지면 매번 6가지가 나온다.

1회째에도, 2회째에도, 3회째에도, 6가지 패턴이 나온다.

그러므로 주사위를 3번 던졌을 때 나오는 모든 패턴수는 다음과 같이 계산할 수 있다.

$$6 \times 6 \times 6 = 216$$

주사위를 3번 던졌을 때는 216가지의 숫자 패턴이 나온다.

그러면 다음에는 '성공하는 숫자 패턴은 몇 가지인가'를 구해야 한다.

이해를 돕기 위해 '1'이 나오는 방식, 바꿔 말하자면 성공하는 방식에 관해 다음과 같이 나눠보았다.

① 1번만 성공한다. ($k = 1$)
② 2번 성공한다. ($k = 2$)
③ 3번 모두 성공한다. ($k = 3$)
④ 1번도 성공하지 못한다. ($k = 0$)

이렇게 '1'이 나오는 방식은 4가지로 분류할 수 있다.

이 4가지 중 한 번이라도 '1'이 나와서 성공하는 것은 ①②③의 3가지다.

그러면 이 3가지 패턴은 각각 어떤 식으로 숫자가 나올까? 그 패턴은 몇 가지일까?

1이 나와서 '성공'한 경우를 ○, 1외의 다른 숫자가 나와서 '실패'한 경우를 × 라고 표시한다. 그러면 ①~③의 3가지 패턴에 대해 주사위의 숫자가 어떻게 나왔는지 적어보자.

[도표 41]

1이 나오면 ○, 1외의 다른 숫자가 나오면 × 라고 하면……

① 1번만 성공한다.($k=1$)

○ × ×
× ○ ×
× × ○

② 2번만 성공한다.($k=2$)

○ ○ ×
○ × ○
× ○ ○

③ 3번만 성공한다.($k=3$)

○ ○ ○

참고로……

④ 1번도 성공하지 못한다. ($k=0$)

× × ×

이렇게 적어보면 성공하는 패턴은 모두 7가지임을 알 수 있다.

다만 이것은 어디까지나 '1이 나올지, 1이 아닌 숫자가 나올지'라는 관점에서 생각한 경우만이다.

여기에 각 경우에 대해 '숫자가 몇 가지로 나열되는가'를 계산해야 한다.

가장 쉬운 것은 ③의 경우다.

③의 '3번 모두 성공한다'는 패턴은 즉 3번 모두 1이 나오는 경우다. 즉 '1, 1, 1'의 1가지 방식뿐이다.

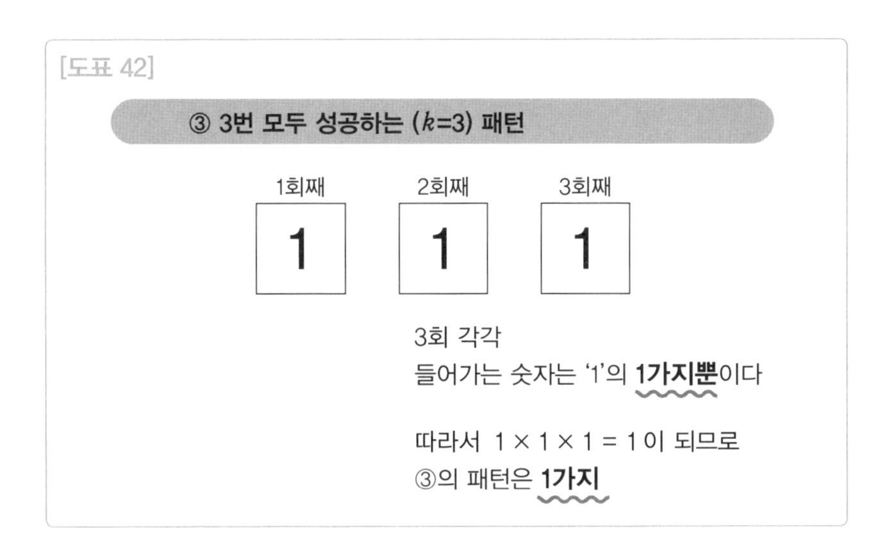

그러면 다음에는 ① '1번만 성공한다'는 패턴을 보자.

1번만 '1'이 나오고 나머지 2번은 '2, 3, 4, 5, 6'의 5가지 숫자 중 하나가 나온다.

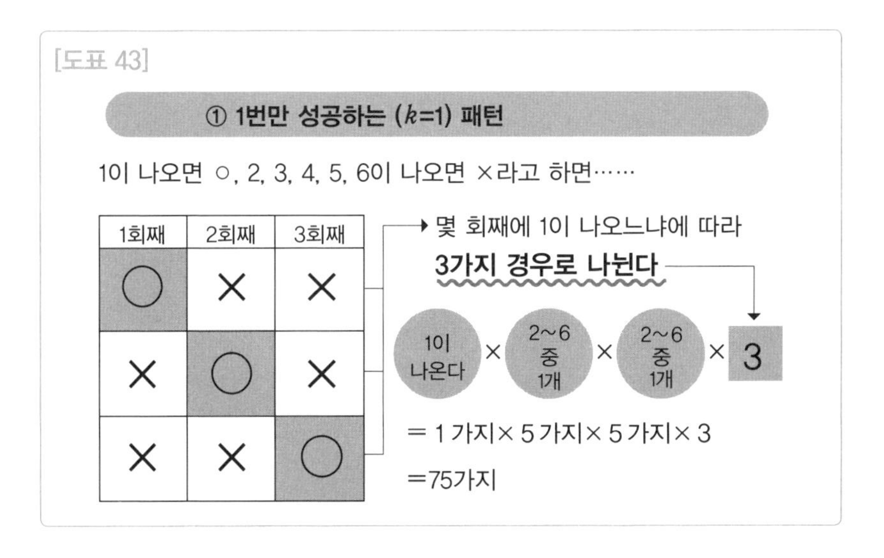

또한 주사위를 3번 던졌을 때 '1'이 첫 번째로 나오는 경우, 두 번째로 나오는 경우, 세 번째로 나오는 경우를 각각 별개로 생각해야 한다. 이를 계산하면,

$$1 \times 5 \times 5 \times 3 = 75$$

이렇게 75가지라는 것을 알 수 있다.

나머지 ②의 '2번 성공한다'는 패턴도 ①과 같은 방식으로 생각하면 된다. 2번 '1'이 나오고 나머지 1번은 '2, 3, 4, 5, 6'의 5개 중 1개가 나온다는 패턴이다.

그리고 '1 이외의 숫자'가 첫 번째에 나오는지, 두 번째에 나오는지, 세 번째인지에 따라 나눌 필요가 있다. 즉,

$$1 \times 1 \times 5 \times 3 = 15$$

이렇게 해서 15가지 패턴이 있음을 알 수 있다.

이로써 성공하는 모든 경우의 답이 나왔다.

$$\begin{aligned} ①+②+③ &= 75+15+1 \\ &= 91 \end{aligned}$$

'1'이 나와서 성공하는 것은 91가지다. 주사위를 3번 던져서 나오는 경우의 총수는 216가지였다.

즉 1이 나와서 성공하는 확률은 $\frac{91}{216}$이다.

참고로, 주사위를 3번 던져도 1번도 성공하지 않는 ④의 패턴은 3번 모두 2~6까지의 5개의 숫자 중 하나가 나오는 경우이므로,

$$5 \times 5 \times 5 = 125$$

즉 125가지임을 알 수 있다. 그것을 확률로 나타내면 $\frac{125}{216}$이다.

이항분포 정리식을 이해하자

자, 무사히 계산을 마쳤다. 그러면 다시 한번 도표 41을 보자. '1'이 나오는 4가지 패턴을 ○와 ×로 표시한 그림이다.

이 그림은 '조합'이라고 생각할 수 있다는 것을 알아차렸는가?

① '1번만 성공한다'는 패턴은 '3개 중 1개를 선택하는' 패턴의 개수만큼 있다고 바꿔 말할 수 있다.

마찬가지로,

② '2번 성공한다' → '3개 중 2개를 선택한다'
③ '3번 모두 성공한다' → '3개 중 3개를 선택한다'
④ '1번도 성공하지 못한다'
→ '3개 중 1개도 선택하지 않는다 (0개를 선택한다)'

라는 개수의 패턴이 있다고 바꿔 말할 수 있다.

그리고 각 패턴으로 선택하는 개수는 k값과 일치한다.

이것으로 3개에서 k개를 선택하는 조합 '${}_3C_k$'에 의해 ①~④의 패턴 각각에서 '1'이 나올 경우가 몇 종류인지 알 수 있다.

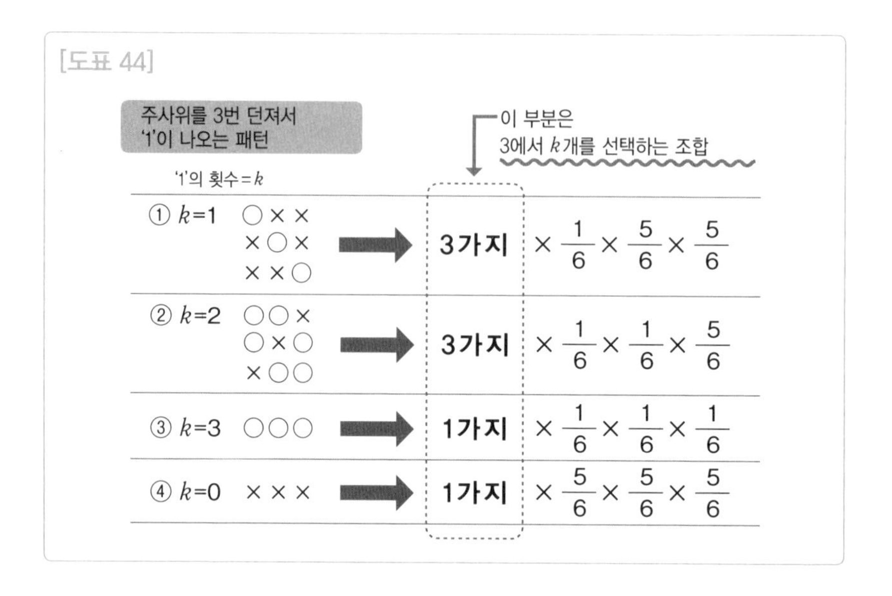

[도표 44]

성공 패턴이 되는 경우의 수를 알았으므로 다음에는 성공 확률을 생각해보자.

예를 들어 $k = 1$, 즉 성공을 1번했을 경우, 실패하는 횟수는 2회가 된다. 왜냐하면 모두 3번 주사위를 던지기 때문이다.

$$3 - 1 = 2$$

이라는 계산이 된다. 성공을 2번 했다면,

$$3-2=1$$

실패는 1번이다.

굳이 식으로 쓰지 않아도 알 수 있는 이야기지만 다음과 같이 바꿔보면 어떨까?

주사위를 n번 던질 때, 성공한 횟수가 k회였다고 하자. 이때 실패한 횟수는 몇 회일까?

숫자가 알파벳으로 변했을 뿐, 앞에서 한 것과 같은 방식으로 계산하면 된다.

$$\text{실패 횟수} = n-k$$

이 문제에서는 n = 3이라고 알고 있으므로, 실패 횟수는 3 − k회가 된다.

자, 성공 확률이 $\frac{1}{6}$, 실패 확률이 $\frac{5}{6}$이라는 것은 이미 알고 있다.

이것을 생각하며, 주사위를 3번 던졌을 때 3번 중 k번 성공할 확률을 계산하면 다음과 같다.

[도표 45]

3번 중 k번 성공할 확률

$$= {}_3C_k \times \left(\frac{1}{6}\right)^k \times \left(\frac{5}{6}\right)^{3-k}$$

성공 확률 $\frac{1}{6}$을 k번 곱한다

실패 확률 $\frac{5}{6}$을 $(3-k)$번 곱한다

얼핏 복잡해 보이지만 순서대로 하나씩 풀어보면 생각보다 번거롭지 않을 것이다.

또 이 식을 다음과 같은 조건으로 바꿔보자.

성공 확률이 p, 실패 확률이 $1 - p$가 되는 시행을 n번 했다. 이때 k번 성공할 확률은 무엇일까? 도표 45의 식에서 다음과 같이 글자가 바뀐다.

$${}_3C_k \rightarrow {}_nC_k$$

$$\frac{1}{6} \rightarrow p$$

$$\frac{5}{6} \rightarrow 1 - p$$

이것을 식에 대입하면,

$$P(X=k) = {}_{n}C_{k}\, p^{k}(1-p)^{n-k}$$

이러한 이항분포의 정리식이 완성된다.

참고로 조합에서 n개 중 0개를 선택하는, 즉 아무것도 선택하지 않는 경우에는, '아무것도 선택하지 않는다'는 1가지 결과만 존재한다고 간주한다.

이것을 앞의 '3번 중 k번 성공할 확률'에 대입하면 $k = 0$이 되므로,

$$1 \times \left(\frac{5}{6}\right)^{3} = \frac{125}{216}$$

이 된다. 정확한 확률을 확실하게 구할 수 있다.

이제, 이항분포에 관해 아주 찬찬히 살펴보았다.

수학을 잘못하는 사람일수록 공식을 보면 '머리가 아프다'는 둥 '눈이 빠질 것' 같다는 둥 더 이상 생각하려 하지 않으니까 이해하지 못하는 것이다.

이것은 '나는 바보에요!!'라고 큰 소리로 선언하는 것이나 마찬가지다.

사실 이항분포는 정리식 따위를 몰라도 정답을 도출할 수 있다는 것은 이미 증명했다.

조합도 더하지도 빼지도 않고 정확하게 셀 수만 있으면 아무 문제 없이 답을 알 수 있다.

그러나 숫자가 너무 커지면 모든 조합을 다 적기 힘들다는 이유로 수학자는 공식을 만들고 싶어 한다.

아무튼 여기까지 읽었으면, 이항분포가 무엇인지 이해했을 것이다.

그리고 **이항분포를 알면 이 세상의 여러 가지 의문이 풀리기 시작한다.**

그런데 한 단계 더 알아둬야 할 지식이 있다.

다음 장에서는 이항분포와 정규분포의 관계를 살펴보겠다.

4장

정규분포와 이항분포

— 중요한 두 분포는 어떤 관계인가?

통째로 외우면 좋은 '중심극한정리'

'중심극한정리'란 무엇인가?

지금까지 정규분포(2장)와 이항분포(3장)에 관해 설명했다.

4장에서는 정규분포와 이항분포의 관계를 살펴보겠다.

왜 양자의 관계가 중요할까? 이 둘을 이해하면 시청률이나 출구조사의 원리를 이해할 수 있기 때문이다.

앞에서도 말했듯이 이 책의 목적은 그 원리를 통계학으로 해석하는 것이다. 이 장에서는 그에 필요한 지식을 설명하겠다.

그런데 정규분포와 이항분포의 관계를 설명하기 전에 알아둬야 할 지식이 하나 더 있다.

그것은 바로 **'중심극한정리'**다.

통계학에서 대단히 중요한 정리라 할 수 있다.

그러나 대학 수학의 수준이면 모를까, 고등학교 수학 수준의 지식으로 '중심극한정리'를 증명하는 것은 좀 버겁다. 통계학을 배울 때는 틈만 나면 등장하는 정리이지만, 그 원리를 이해하기란 무척 어렵다는 말이다.

대체 '중심극한정리'란 어떤 것일까?

자, 그러면 이번에도 주사위를 이용해 알아보자.

주사위를 여러 번 던진다고 하자.

물론 모두 균질하게 잘 만들어진 주사위이므로 1~6까지의 숫자가 나올 확률은 각각 $\frac{1}{6}$이다.

100번이든, 200번이든, 주사위를 여러 번 던지는 작업을, 통계학에서는 '〈1번 던진다〉는 독립된 행동을 여러 번 반복하는 행위'로 간주한다.

주사위를 첫 번째로 던졌을 때와 두 번째로 던졌을 때, 그 두 행위에는 아무 관계도 없기 때문이다. 첫 번째 행위에서 나온 결과는 두 번째 행위에서 나온 결과에 아무 영향도 미치지 않는다. 두 번째와 세 번째, 세 번째와 네 번째도 마찬가지다.

매번, 확률 $\frac{1}{6}$로 어떤 숫자가 나온다.

만약 n번 주사위를 던진다고 하면, 그것을,

'서로 독립된 n개의 확률변수'

라고 표현한다.

그리고 그것이 중심극한정리가 성립하기 위한 전제조건이다.

만약 1회째에 주사위를 던졌을 때 주사위 한쪽이 깨져 있다면 중심 위치가 어긋나서 1~6까지의 숫자가 나올 확률은 $\frac{1}{6}$이 아닐 것이다.

첫 번째 결과는 두 번째, 세 번째에 영향을 미친다.

이 경우, 주사위를 던져서 나오는 숫자들은 서로 독립적이라고 하기 어려우며, 중심극한정리가 적용되지 않는다.

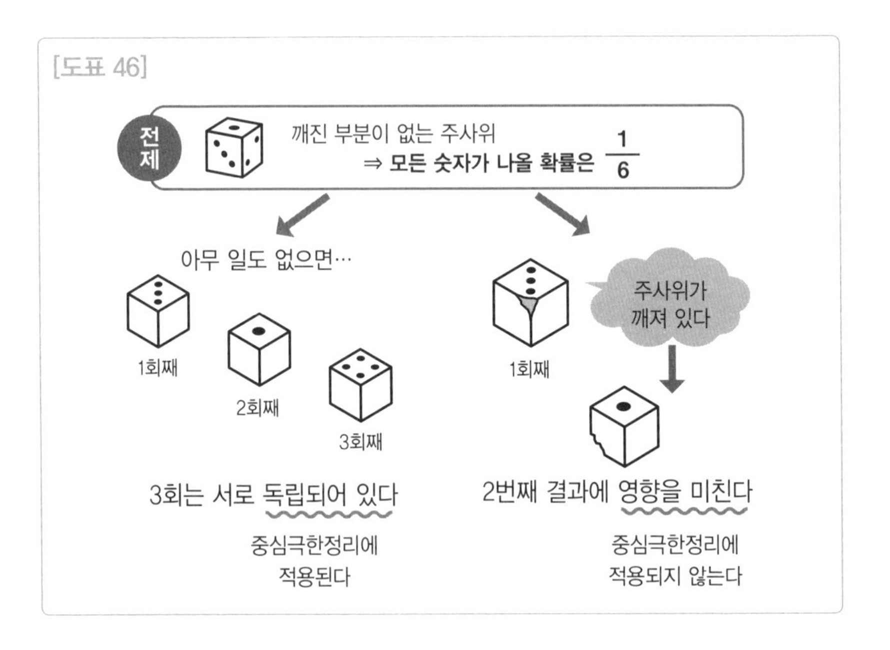

원래 주사위는 그렇게 쉽게 깨지지 않으므로 여기서는 몇 번을 던져도 확률이 $\frac{1}{6}$이라고 하자.

그런데 이 주사위를 6번 던졌을 때, 1은 몇 번 나올까?

확률은 $\frac{1}{6}$이므로 6번 던지면 1이 나오는 것은 1번이다…라고 되면 좋겠지만 그렇지 않을 수도 있다.

사실은 그렇지 않을 가능성이 더 크다. 실제로 던져보면 알 수 있다.

모든 숫자가 나올 확률은 $\frac{1}{6}$이지만, 그렇다고 해서 6번 던지면 모든 숫자가 1번씩 나오진 않는다.

1이 한 번도 나오지 않기도 한다. 10번을 던져도 나오지 않을 수도 있다.

20번쯤 던지면 1이 한 번도 나오지 않은 확률이 오히려 낮아지긴 한다. 하지만 20번의 $\frac{1}{6}$, 즉 3번 나오는가 하면 그건 알 수 없는 일이다.

'깨진 부분이 없는 주사위'의 성질을 생각하면 1이 나올 확률은 $\frac{1}{6}$이다. 하지만 실제로 6번 주사위를 던졌을 때 나온 데이터를 기록해서 계산해보면, 1이 나올 횟수가 확률 $\frac{1}{6}$에 상당하는 1회가 된다는 보장은 없다는 말이다.

그런데 주사위를 100번 던진다면 어떻게 될까? 그러면 이야기가 달라진다.

깨진 부분도 없고 일그러지지도 않은 주사위를 100번쯤 던지면, 1이 나올 확률은 $\frac{1}{6}$에 점점 가까워진다. 던지면 던질수록 한없이 가까워진다.

이것이 '중심극한정리'다.

그리고 주사위를 던지는 시행은 횟수를 거듭하면 최종적으로 정규분포에 가까워진다는 것을 알고 있다.

이것을 수학다운 표현으로 정리해보자.

Point-6 중심극한정리

서로 독립된 확률변수 X_1, X_2, X_3……, X_n가 있을 때, 이것이 어떤 확률분포이건 n이 커질수록 정규분포에 가까워진다.

중심극한정리는 수학자 드 무아브르와 라플라스가 이 정리를 증명했는데, 여기서도 가우스가 결정적인 공헌을 했다.

정규분포가 '분포의 왕'이라고 불리는 이유가 여기에도 있다.

다만, 앞에서 말했듯이 이것을 우리가 증명하는 것은 어렵다.

물론 수학적인 증명은 이미 완결되었고, 나도 그 내용을 이해하므로 글로 쓸 수는 있지만 여기서는 생략하겠다.

시간과 분량을 할애하면서 쓴들 별 의미가 없기 때문이다.

그래도 꼭 알고 싶다면 전문적인 내용을 다루는 다른 통계학 서적을 찾아보기 바란다. 여기서는 일단 '이런 것'이라고만 알아두자.

복잡한 공식도 있지만, 여기에 써도 별 의미가 없으므로 그것도 넘어가겠다.

어떤 분포이든 횟수가 많아질수록 정규분포에 가까워진다는 중심극한정리의 특징을 대략적으로 알고 있으면 충분하다.

그리고 중요한 것은 **이항분포도 n값이 충분히 커지면 중심극한정리에 의해 정규분포에 가까워진다는 사실**이다.

이것이 라플라스가 눈여겨보고 증명한 부분이다.

▌중심극한정리와 이항분포

예를 들어 주사위를 던져서 1이 나올 확률이 $\frac{1}{6}$일 때, 이 주사위를 1만 번 던지면 1은 몇 번 나올까?

단순 계산하면 1만 번의 $\frac{1}{6}$, 즉 1670번 정도다.

하지만 실제로 주사위를 1만 번 던지는 실험을 해보면 1800번이 나올 수도 있고 1600번이 나올 수도 있다.

그러나 '주사위를 1만 번 던진다'는 실험을 아주 여러 번, 한없이 반복하면 평균 1670번 정도의 횟수가 가장 많이 나온다.

이때 도표 47과 같은 그림을 그릴 수 있다.

[도표 47]

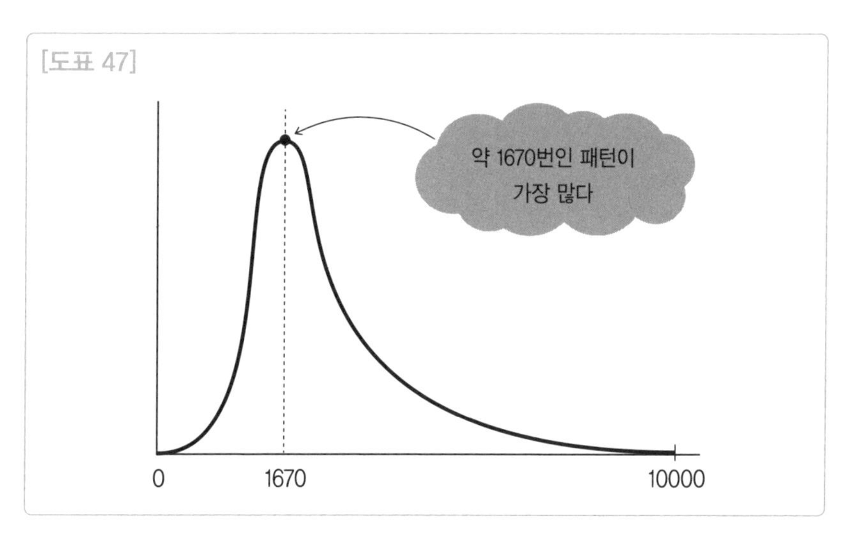

1670번이라는 값이 가장 많은, 정규분포와 무척 비슷한 그림이 된다.

그런데 유사하긴 하지만 완전히 같진 않다.

정규분포의 경우, 평균값이 정점에 있고 그 점을 중심으로 좌우 대칭으로 퍼진다.

그런데 이항분포의 경우는 마이너스 방향으로는 퍼지지 않고 정점이 다소 왼쪽에 치우쳐 있다.

완전하진 않지만 n이 커질수록 좌우대칭으로 되어간다는 것이 이항분포 그림이다.

그러므로 이항분포를 정규분포와 같다고 간주하는 것은 틀리지 않은 생각이다.

과거에 수학자들이 그 점을 이미 증명했으니 말이다.

'숫자 3개'로 그래프를 이해한다

이항분포의 '평균'과 '분산'

그런데 정규분포는 어떤 특징이 있는 분포였는지 기억하는가? **정규분포에 빠지지 않는 2가지 요소**가 무엇이었더라?

'평균값'과 **'분산'**이다.

참고로 **분산에 루트를 씌우면 '표준편차'**를 알 수 있다.

그러면 이항분포의 '평균값'과 '분산'은 어떻게 계산하면 될까?

먼저 '평균값'을 알아보자. 이것은 지금까지 여러 번 해왔다.

'주사위를 600번 던졌을 때 1이 나올 횟수는 몇 번일까?'

라는 문제가 나오면 독자 여러분은 뭐라고 답할까?

1이 나올 확률은 $\frac{1}{6}$이므로,

$$600 \times \frac{1}{6} = 100$$

이라는 계산을 해서 '약 100번'이라고 답할 수 있다.

다시 말해 다음과 같이 계산한다.

평균값 = 전체 횟수(데이터의 개수) × 확률

이항분포에서는 성공 확률을 p, 실패 확률을 1 - p라고 했다. 데이터 개수는 시행 횟수를 말하며 n회라고 한다.

그러면

이항분포의 평균값 = np

라는 실로 깔끔한 식으로 나타낼 수 있다.

다음으로 '분산'을 보자.

분산의 값을 내는 방법은 앞에서 설명했는데, 아직 기억하고 있을까?

52쪽으로 돌아가 다시 한번 확인해보자.

다만 이항분포에서는 분산의 값을 계산해서 내는 것은 번거롭다. 특히 n이 충분히 커져서 정규분포에 가까워질수록 점점 더 번거로워진다.

n이 충분히 커진다는 것은 데이터가 점점 늘어난다는 의미이며 100, 200 아니 1만을 빼고 제곱하고 곱하고 나누는 과정을 하면 물론 못할 것은 없지만 엄청난 시간이 걸린다.

사실대로 말하자면 이항분포의 경우, 아주 간단한 방법으로 분산을 구할 수 있다.

이항분포의 분산 = $np(1 - p)$

이것이 전부다.

원래, 분산 계산은 번거롭지만, 이항분포의 경우에는 무척 간단하게 분산이 도출된다.

이항분포는 베르누이 시행 횟수가 많아질수록 평균이 np, 분산이 $np(1 - p)$의 정규분포와 흡사해진다는 뜻이다.

그러므로 이항분포를 따르는 것은 횟수를 거듭할수록 정규분포에 가까워지며, 그로써 평균값을 예측할 수 있고 평균에서 퍼진 폭도 예측할 수 있다.

아직 이해하지 못하는 사람도 있을 수 있으니, 구체적인 예를 들어 계산해보자.

예제

1이 나올 확률이 $\frac{1}{6}$인 주사위를 100번 던진다. 이 이항분포의 평균값과 분산을 구하라.

주사위를 던져서 1이 나올지, 1 외의 다른 숫자가 나올지에 대한 확률이 이항분포라고 했다.

또 100번은 충분히 많은 횟수이므로 이항분포는 정규분포에 한없이 가까워진다고 할 수 있다.

이로써,

이항분포의 평균값 = np

$$= 100 \times \frac{1}{6}$$

$$= \frac{50}{3}$$

이항분포의 분산 = np (1 − p)

$$= 100 \times \frac{1}{6} \times \frac{5}{6}$$

$$= \frac{500}{36}$$

$$= \frac{125}{9}$$

이렇게 계산하면 평균값은 약 16, 분산의 값은 약 14임을 알 수 있다.

그리고 분산의 값에 루트를 씌우면 거의 3.7이다. 이것이 표준편차다.

정규분포의 특징은 이항분포에도 적용된다

평균값, 분산, 표준편차.

정규분포라고 알고 있고 이 3가지 수치가 명확하면 어떤 그래프가 되는지 즉시 알 수 있다.

이항분포가 정규분포에 아주 가까워질 때, 그것은 그래프의 형태가 비슷해진다는 것뿐만이 아니라, 정규분포의 성질 자체와 흡사해진다는 의미이다.

그리고 정규분포는 평균값, 분산, 표준편차도 명확하게 드러나면 그래프를 그릴 수 있는 아주 편리한 분포다.

그 이유는 2장에서 설명했다.

다시 한번 반복하지만 정규분포는 다음과 같이 무척 고마운 성질을 갖고 있다.

> 평균 ± 표준편차 1개분의 범위에 전체의 약 68%가 포함된다.
> 평균 ± 표준편차 2개분의 범위에 전체의 약 95%가 포함된다.
> 평균 ± 표준편차 3개분의 범위에 전체의 약 99%가 포함된다.

정규분포에 한없이 가까워진 이항분포에도 이 성질이 적용된다.

이 성질은 이 책에서 뒷장에도 계속 등장하므로 잘 이해하도록 하자.

이것을 이해하고 앞의 예제에서 구한 수치를 근거로, 데이터에서 무엇을 파악할 수 있는지 생각해보자.

알기 쉽게 다음과 같이 써놓겠다.

평균값 = 16

분산 = 14

표준편차 = 3.8

정규분포에 대단히 가까운 이항분포가 있다고 가정하자.

이 이항분포는 도표 48과 같은 정규분포에 가까운 분포라는 말이다.

또 이항분포의 데이터는 '평균값±표준편차 1개분', 다시 말해 '16±3.8의 범위', 더욱 구체적으로는 '12.2~19.8까지의 범위'에 전체의 약 68%가 포함된다는 것이 타당하다.

다른 경우도 같은 방식으로 계산하면 다음과 같이 말할 수 있다.

'8.4~23.6까지의 범위에 전체의 약 95%가 포함된다'

'4.6~27.4까지의 범위에 전체의 약 99%가 포함된다'

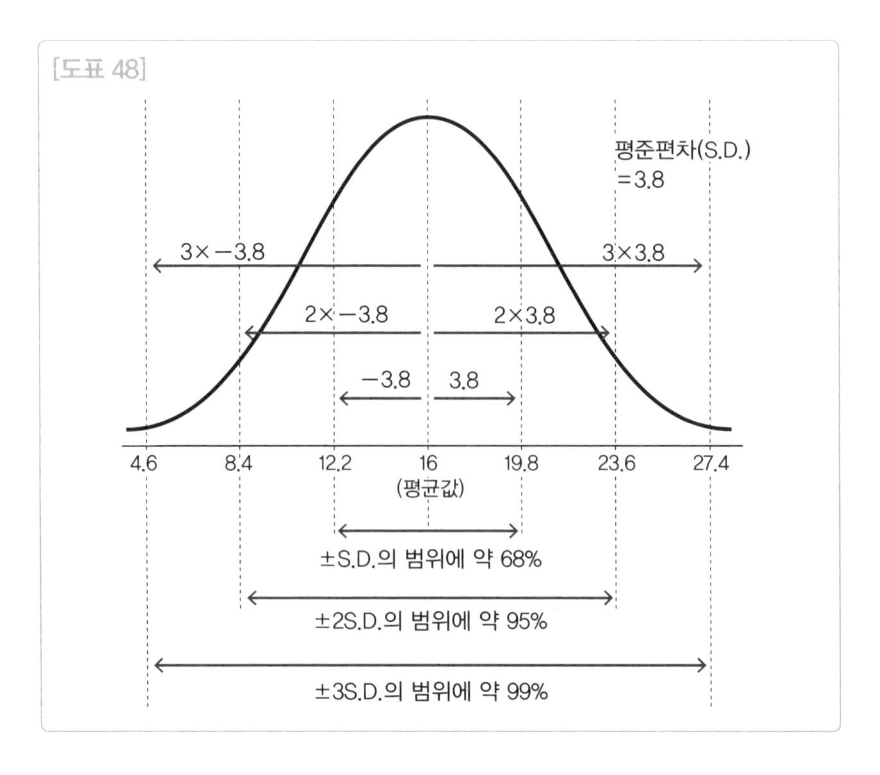

이항분포를 따르는 것은 횟수를 늘리면 정규분포로 취급해도 문제가 없다. 그런데 얼마나 늘리면 될까?

주어진 상황이나 데이터가 흩어진 정도에 따라서 다르긴 하지만,

'동전을 던져서 앞면이 나오는가, 뒷면이 나오는가'와 같이 비교적 분포가 작을 때는, 30번 정도 던지면 합과 평균이 정규분포와 비슷해진다고 한다.

생각보다 적은데? 이렇게 생각하는가?

아니면 생각보다 많다고 느끼는가?

참고로 '아, 그 정도겠구나'라고 수긍한다면 그 사람은 통계학에 관한 감각이 있다고 할 수 있다.

이제 이 책에서 '통계학의 기초'라고 정의한 내용을 전부 살펴보았다.

통계학이라는 학문의 기준으로 보면 아직 한발을 살짝 담그고 있는 정도이지만, 그것은 '수학의 한 분야로써의 통계학'을 본격적으로 공부할 경우의 이야기다.

수학을 정말 못하고 공식을 보기만 해도 머리가 지끈거리는 사람에게는 이 정도가 이해할 수 있는 최대 수준일 것이다.

그리고 이 정도면 충분하다.

정규분포, 이항분포, 중심극한정리와 같은 지식을 익히면 세상을 보는 관점이 바뀌기 때문이다.

눈에 들어오기는 하지만 보이지 않았던 점을 알아차린다고 하는

편이 적합할지도 모른다.

다음 장에서는 이 책 첫머리에서 말한 대로 시청률과 선거 출구조사의 원리를 규명해보자.

5 장

시청률 · 출구조사의 원리

— 세상의 수수께끼를 통계학으로 해명한다

총세대수 5800만 8400분의 1의 샘플로 어떻게 시청률을 알 수 있는가

시청률은 정말로 정확할까?

요즘에는 TV를 보지 않는 사람이 늘어나는 추세다. 젊은이는 스마트폰으로 보고 싶은 프로그램을 원할 때 보는 습관이 배어 있다.

무료 동영상 사이트도 많고 동영상 발신 서비스도 잇달아 등장했다. 시청 유형이 변했으므로 젊은이가 혼자 사는 집에는 아예 TV가 없는 경우도 많다. 또 자녀에게 TV를 보여주지 않으려고 집에 TV를 치워버린 집도 있다.

당연히 방송업계는 예전의 활력을 잃었다.

시청률이 연달아 내려가고 광고 수입도 줄어들어 고전하고 있다.

그래서일까?

방송국과 세상은 시청률에 민감하게 반응한다.

TV 드라마가 방송된 다음 날에는,

'전주보다 0.8포인트 상승'

'이번 주에는 8.9%로 1포인트 대폭 하락'과 같은 기사가 뜬다.

제작사가 예전보다 시청률 변화에 더 일희일비하기 때문이 아닐까?

시청자도 시청률을 인기를 재는 척도로 인지한다.

최근에는 방송에 관련된 SNS 투고 수 등도 인기를 나타내는 지표로 정착되었다.

그러나 시청률은 '그 방송을 보는 사람이 많은지 적은지'를 숫자로 명확하게 나타나므로 가장 알기 쉬운 지표다. 그래서 방송사는 시청률에 집착한다.

앞에서 말했듯이 일본에는 약 5800만 세대가 존재한다.

시청률은 5800만 세대 중 몇 %가 그 프로그램을 보았는지 나타낸다.

그런데 시청률 조사를 목적으로 추출된 샘플은 겨우 6900세대다.

총 세대수의 8400분의 1에 지나지 않는다.

그렇게 적은 샘플 수로 정확한 시청률을 알 수 있을까?

통계학을 모르는 사람은 그렇게 생각한다. 하지만 통계학을 아는 사람은 그 정도면 충분하다고 수긍한다. 이것은 앞에서 이미 말한 바 있다.

이 책을 읽기 전, 독자 여러분은 전자였을 것이다.

"무슨 속임수를 쓴 거 아냐?"

"뭔가 트릭이 있을 거야"

이렇게 의문을 품었을 수도 있다.

그러나 여기까지 통계학을 배운 당신이라면,
"이건 충분히 가능할 것 같아"라고 생각이 바뀌었을 것이다.

역시 무작위는 어렵다

원래 세상에 발표되는 시청률이 정말 공정한지는 알 수 없다.
예를 들어 샘플 조사 대상으로 선정되어 시청률 조사 장비를 설치한 가정이 실은 모 방송국 직원의 집이었다면 어떨까? 그들은 24시간 모 방송국의 방송만 볼지도 모른다.
이 가정의 시청률은 심각하게 편향된 셈이다.

물론 시청률 조사 업체는 샘플 결과가 편향되어 있지 않은지 주의 깊게 조사할 것이다.
그러나 어디서 어떤 의도가 작용했을지 알 수 없으므로 모든 편향성을 통제하기란 어려운 일이다.

통계학에서 편향성이 없도록 샘플링하는 것은 무척 중요한 문제다.
데이터가 편향되어 있다는 시점에서 통계학은 그 가치를 잃기 때문이다.

그 이유가 뭘까?

서로 독립된 확률변수여야 한다는 것이 '중심극한정리'의 전제이기 때문이다.

서로 독립되었다는 것은 서로 관계하지 않는다는 뜻이다.

그것에 어떤 연관성이 있으면 통계학을 이용할 수 없다.

[도표 49]

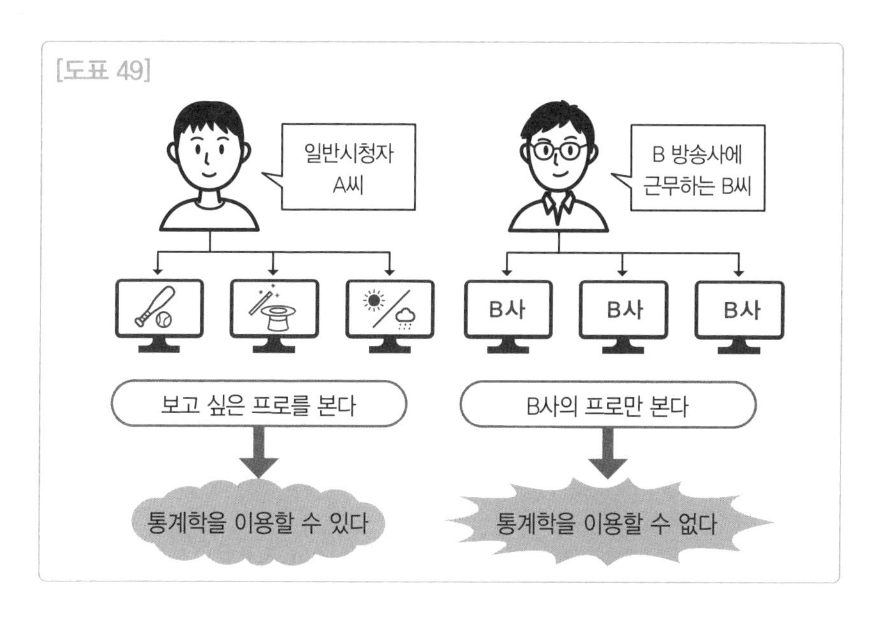

중심극한정리의 전제조건을 충족하기 위해 완벽하게 무작위로 샘플을 선택하는 것은 실무적으로 상당히 어려운 작업이다.

그러면 정확한 시청률을 조사할 방법이 또 있을까?

당연히 전수 조사를 통해 시청률을 도출하면 정확하다.

샘플 중에 TV 방송사에 근무하는 사람이 사는 집도 있겠지만, 전체적으로 보면 그렇게 중대한 편향은 아니다.

이 세상은 기본적으로 전수 조사를 하지 않는다.

당연하다. 돈이 너무 들기 때문이다.

시청률을 전수 조사하려 하면 막대한 장비와 인건비를 들여야 한다.

그렇게 할 수는 없으므로 최소한의 비용으로 데이터가 편향되지 않도록 주의 깊게 살펴보면서 샘플링 조사를 하는 것이다.

시청률에는 ±2%의 오차가 있다

자, 시청률은 어디까지나 샘플링 조사다.

그것은 실제 수치와 다소 어긋난다고 전제한다는 뜻이다.

다시 말해 '이 프로의 시청률은 ○%'라는 정보를 발신했을 때, 그 수치에는 실제 시청률과 오차가 발생한다.

시청률 조사업체도 표본오차가 있음을 명확히 밝힌다. 예를 들어 관동지구에서 '표본수가 900인 경우, 신뢰도 95%로 생각하면 시청률 10%에서 고려해야 할 표본오차는 ±2.0%'라고 한다는 식이다.

이것은 어떤 의미일까?

독자 여러분에게 친숙한 문장으로 바꾸면 다음과 같다.

'시청률이 10%일 때, 실제 시청률은 8.0~12.0의 범위 내에 약 95%의 확률로 포함된다'

극단적으로 말하자면 어느 프로의 시청률이 10%일 때, 진짜 시청률은 8%일 수도 있고 12%일 수도 있다.

기껏 ±2%라고 생각할 수도 있지만, 이 세상은 시청률이 1% 올랐다는 둥 내렸다는 둥 호들갑을 떨지 않는가.

그러나 원래 ±2% 오차가 있으므로 시청률에서 1% 정도의 차에 큰 의미는 없다.

있지만 없는 것이나 마찬가지라는 뜻이다. 정말로 그렇게 차이가 나는지조차 알 수 없다.

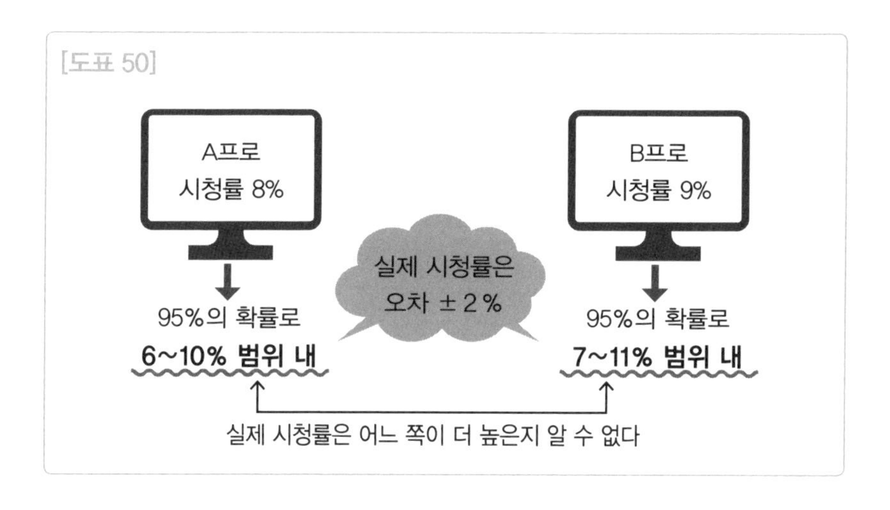

시청률은 '이 프로를 봤는가, 안 봤는가'에 대한 확률이며, 이항분포를 따른다. 또한 수천 개의 데이터의 모은 것이므로 그 수가 충분히 크기 때문에 정규분포에 대단히 가까워진다.

가령 시청률이 몇 %이든 오차가 ±2%이면, 시청률이 8%였을 경우에는 다음과 같은 그림이 된다.

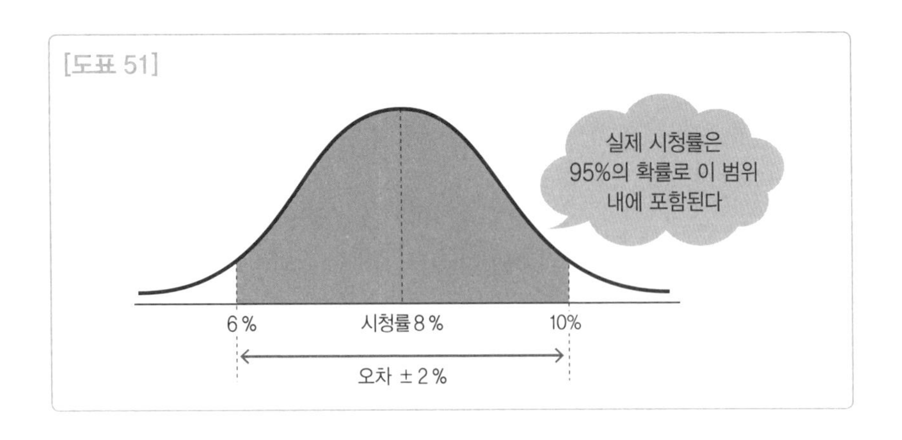

또한 시청률이 9%인 경우의 그래프도 추가로 그려보자.

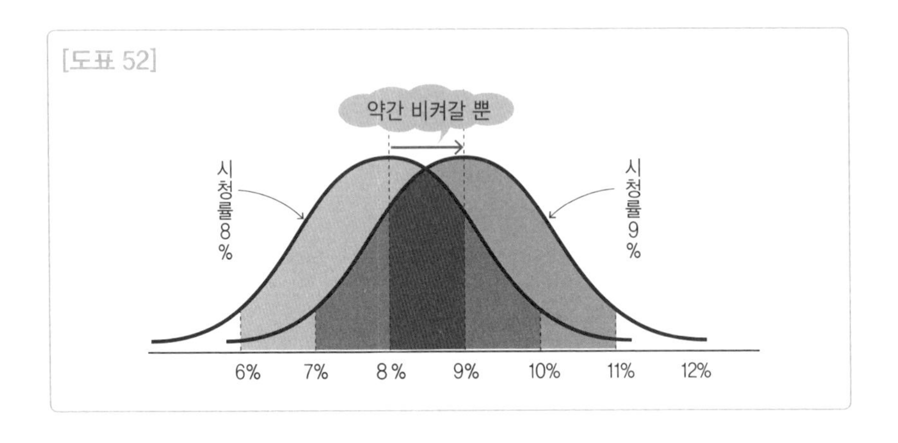

이렇게 나란히 그려보면 시청률 1%의 차이는 별 게 아니라는 것을 알 수 있다.

시청률의 '평균값'과 '분산'

그런데 앞에서도 소개했지만 시청률 조사 업체에 따르면 약 1800만 세대가 사는 관동지구에서는 900세대 분의 샘플 조사를 통해 시청률을 계산한다고 한다.

전체의 2만분의 1에 불과한 샘플 수인데, 왜 '900세대'라고 정했을까?

차라리 90세대 정도로 줄이면 비용이 더 절감될 텐데 말이다.

그렇게 하지 않은 이유는 어느 정도 비용이 들어도 900세대분의 샘플을 수집하는 것이 정확한 시청률을 계산하는 데 도움이 된다고 업체가 판단했기 때문이다.

이유가 무엇일까?

다음은 이것을 검증해보자.

앞에서도 말했듯이 정규분포에 한없이 가까운 이항분포인 경우, 데이터의 개수를 n, 성공할 확률을 p라고 하면,

평균값 = np

분산 = np(1 − p)

이렇게 되는 정규분포와 비슷해진다.

시청률에 관한 데이터를 이 식에 대입하면 다음과 같다.

n = 샘플 조사를 하는 세대수

p = 그 프로그램을 봤을 확률 (시청률)

$1 - p$ = 그 프로그램을 보지 않았을 확률

다만, 예를 들어 동전의 앞뒷면, 주사위의 1이 나올 확률인 경우라면 이렇게 계산해도 되지만, 시청률의 경우에는 '몇 %인가'라는 점유율을 알고 싶은 것이니 문제가 좀 다르다.

위의 식대로 평균값과 분산을 구하면,

'몇 세대가 이 프로그램을 봤는지'가 나온다.

하지만 정작 시청률을 구할 수는 없다.

시청률을 구하려면 이 평균값과 분산의 값을 전체 샘플 수, 즉 n으로 나눠야 한다. (분산은 n로 나눈다.) 이것을 고려하면 다음과 같은 식으로 바뀐다.

$$\text{평균값} = p$$

$$\text{분산} = \frac{p(1-p)}{n}$$

이항분포를 n으로 나눈 것도, 여전히 이항분포다.

시청률은 이 평균값과 분산을 가진 정규분포와 거의 같아진다는 말이다.

참고로 '분산'은 앞에서도 설명했듯이 계산하기 쉽도록 값을 제곱해서 구한다.

수치의 단위를 맞추기 위해 나눌 때도 'n^2'로 바꾼 다음 나눈다.

이에 관한 수학적 원리는 그렇게 깊이 파고들지 않아도 되므로 원래 그런 것이라고 생각하고 넘어가자.

왜 샘플이 90세대분이면 안 되는가

시청률이라는 정규분포에 한없이 가까운 이항분포에 관해 평균값과 분산을 구했다.

이것은 같은 평균값과 분산을 가진 정규분포의 특징이 시청률에도 적용된다는 뜻이다.

정규분포의 특징은 다음과 같았다.

평균 ± 표준편차 1개분의 범위에, 전체의 약68%가 포함된다 평균 ± 표준편차 2개분의 범위에, 전체의 약95%가 포함된다 평균 ± 표준편차 3개분의 범위에, 전체의 약99%가 포함된다

이 법칙에 시청률의 평균값과 분산을 대입해보자.

[도표 53]

$p \pm \sqrt{\dfrac{p(1-p)}{n}}$ 의 범위에 전체의 65%가 포함된다.

$p \pm 2\sqrt{\dfrac{p(1-p)}{n}}$ 의 범위에 전체의 95%가 포함된다.

$p \pm 3\sqrt{\dfrac{p(1-p)}{n}}$ 의 범위에 전체의 99%가 포함된다.

어려운 수학식처럼 보이지만 표준편차는 분산에 루트를 씌운 것이니 이렇게밖에 나타낼 수 없다.

여기서 말하고 싶은 것은 앞의 법칙과 전혀 다르지 않다.

기호나 알파벳인 상태로는 아무래도 이해도가 떨어지므로 구체적인 숫자를 넣어보자.

그러면 시청률 조사 업체가 실시하는 관동지구의 시청률 조사를 예를 들어, 900세대분의 샘플 조사 결과 시청률이 10%인 경우를 생각하자.

$n = 900$, $p = 0.1$이므로,

$0.1 \pm 2\sqrt{\dfrac{0.1 \times 0.9}{900}}$ 의 범위에 전체의 95%가 포함된다.

계산해보자.

$$0.1 \pm 2\sqrt{\frac{0.1 \times 0.9}{900}} = 0.1 \pm 2\sqrt{\frac{0.09}{900}}$$
$$= 0.1 \pm 2\sqrt{0.0001}$$
$$= 0.1 \pm 2 \times 0.01$$
$$= 0.1 \pm 0.02$$

이렇게 된다. 시청률 조사 업체의 말처럼 오차는 ±2%, 즉 시청률 10%일 때, 실제 시청률은 8%에서 12% 범위 내에 95%의 확률로 포함된다고 할 수 있다.

그런데 이때 샘플수가 90세대분밖에 없다면 어떻게 될까?

$$0.1 \pm 2\sqrt{\frac{0.1 \times 0.9}{90}} = 0.1 \pm 2\sqrt{\frac{0.09}{90}}$$
$$= 0.1 \pm 2\sqrt{0.001}$$
$$\fallingdotseq 0.1 \pm 2 \times 0.03$$
$$\fallingdotseq 0.1 \pm 0.06$$

샘플이 90세대분밖에 없으면 시청률의 오차는 6%까지 확대된다. 시청률이 10%일 때 진짜 시청률이 95%의 확률로 포함되는 것은 4%~16%의 범위 내가 된다.

이렇게 오차가 크면 시청률을 조사하는 의미가 없다.

그러면 반대로 샘플이 9000세대분이나 있다면, 시청률의 오차는 어떻게 변할까?

$$
\begin{aligned}
0.1 \pm 2\sqrt{\frac{0.1 \times 0.9}{9000}} &= 0.1 \pm 2\sqrt{\frac{0.09}{9000}} \\
&= 0.1 \pm 2\sqrt{0.00001} \\
&\fallingdotseq 0.1 \pm 2 \times 0.003 \\
&\fallingdotseq 0.1 \pm 0.006
\end{aligned}
$$

샘플 수가 9000세대나 되면, 0.6%밖에 오차가 생기지 않는다는 것을 알 수 있다.

이렇게 더욱 정확하게 알 수 있는데, 왜 조사 대상을 9000세대로 확대하지 않을까?

물론 비용 문제 때문이다. 단순계산으로도 900세대분의 조사보다 10배나 비용이 더 든다. 그만큼 비용을 들이면서까지 1.4%의 차를 메울 필요는 없다고 판단한 것이다.

시청률 조사 업체는,

'표본오차를 절반인 ±1.0%로 만들려면 그 4배인 3600개의 표본 수가 필요하다'고 설명한다.

추가로 들여야 하는 비용에 비해 미미한 결과라 할 수 있다.

생각해보면 **1800만 세대가 어느 프로그램을 얼마나 보았는가, 하는 데이터를 900세대만 조사하면 불과 ±2%밖에 되지 않는 오차로 밝힐 수 있다**는 것이다.

적은 수의 샘플로 전체를 파악할 수 있다.

이것이 바로 통계학의 힘이다.

선거 출구조사로 어떻게 당선 확정을 알 수 있는가

출구조사란 무엇인가

대통령 선거나 국회의원 선거 등 전국적으로 선거가 치러지는 날, 저녁 무렵이 되면 방송사는 일제히 개표 결과를 알리는 방송을 내보낸다.

참고로 선거 당일, 각지에 놓인 투표소는 오전 6시부터 오후 6시까지 열려 있다. 보궐선거의 경우 오전 6시부터 오후 8시까지 투표를 시행한다. 그리고 오후 8시에 투표를 마감한 뒤 개표를 시작한다.

즉 개표는 오후 8시 이후부터다.

그런데 각 방송사는 오후 8경부터 시작되는 개표 결과 방송을 내보냄과 거의 동시에 당선 확정자를 발표한다. 아직 개표 작업을 마치지도 않았는데, 어떻게 어느 후보가 얼마나 표를 얻었는지 알 수 있을까? 여기에도 통계학이 활용된다.

투표한 적이 있는 사람들은 투표를 마치고 나오는 길에 '출구조사에 협조해 달라'는 말을 들은 적이 있을 것이다. 각 보도기관이 투표소가 마감되자마자 당선자가 누구인지 확정할 수 있는 것은 이 출구조사를 해주는 사람들 덕분이다.

출구조사란 투표를 마친 사람에게,
'어느 후보자에게 투표했는가'
'어느 당에 투표했는가'를 묻는 것이다.

이 결과를 집계해서 투표 결과를 예측하는데, 이때
"○○후보에게 투표한 사람이 ●●명 있었습니다."
라고 숫자만 발표해봤자 아무것도 예측할 수 없다.
우리가 알고 싶은 것은,
'투표한 사람 중 몇 %가 그 후보에게 투표했는가'라는 확률이다.
그래서 통계학이 필요하다.

후보가 2명인 선거구의 경우

어떤 선거구에서 정원이 1명인데 2명이 입후보했다고 하자. 양자택일이다.
이 2명을 후보 A, 후보 B라고 하겠다.
후보자가 둘 밖에 없으면 이 선거구의 투표 결과는,

'후보 A가 당선되거나 A가 당선되지 않거나 (즉 B가 당선되거나)'

라는 이항분포를 이룬다.
또 출구조사 결과를 실제 투표 결과와 유사하게 내기 위해서는 충분한 수가 확보되어야 한다. 출구 조사원은 열심히 목표한 수를 모을 것이다.

그러므로 출구조사의 결과는 정규분포에 한없이 가까운 이항분포가 된다.

다시 한번 말하지만, 이런 경우 이항분포의 평균값과 분산은 데이터 개수를 n, 성공 확률을 p라고 하면 다음과 같다.

$$\text{평균값} = np$$
$$\text{분산} = np(1-p)$$

또한 평균값과 분산의 값이 같은 정규분포에 가까워진다는 것은 귀에 딱지가 앉을 만큼 말했으니, 이제는 독자 여러분도 잘 알고 있을 것이다.

그런데 우리는 '몇 %가 투표했는가'라는 확률을 구하고 싶다. 그러므로

$$\text{평균값} = p$$
$$\text{분산} = \frac{p(1-p)}{n}$$

시청률의 경우와 마찬가지로 위와 같이 생각해야 한다.

자, 그러면 이 선거구에서 출구 조사원은 투표를 마친 1000명을

대상으로 출구조사를 했다. 그 결과 A에게 투표한 사람은 50%였다고 하자.

A의 득표율을 p, B의 득표율을 1−p라고 하고, 무효표가 없다고 가정하면 다음과 같이 나타낼 수 있다.

$$p = 0.5$$
$$1 - p = 0.5$$

이때 실제 득표율이 약 95%의 확률로 포함된다고 예측할 수 있는 득표율의 범위는 어느 정도일까?

직접 계산해보자.

이 범위는 다음과 같다.

$$0.5 \pm 2\sqrt{\frac{0.5 \times 0.5}{1000}} = 0.5 \pm 2\sqrt{\frac{0.25}{1000}}$$
$$\fallingdotseq 0.5 \pm 2 \times 0.015$$
$$\fallingdotseq 0.5 \pm 0.03$$

1000명분의 출구조사 결과가 50%라면, 오차는 대체로 ±3%이며, 실제 득표율은 47%에서 53%의 범위 내에 약 95%의 확률로 포함된다는 뜻이다.

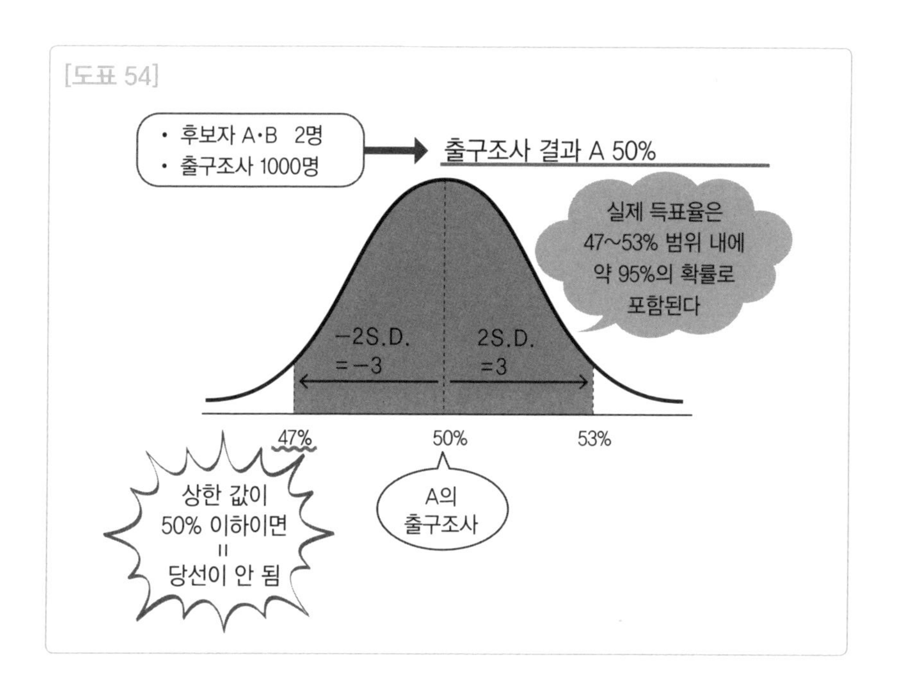

출구조사 결과에서 알 수 있는 내용

이 결과를 어떻게 해석하면 될까?

A의 실제 득표율이 53% 부근이라면 걱정할 것 없지만 47% 부근이라면 낙선한다.

다시 말해 A의 득표율이 약 95%에 포함되는 범위의 하한이 50% 이하라면, 당선 확정 유무를 알 수 없다는 뜻이다.

A가 이길지 질지 알 수 없다면 B의 결과도 알 수 없다.

누가 이길지 예측할 수 없다.

이것은 뒤집어 말하면 출구조사의 득표율에서 실제 득표율이 95%인 확률로 포함되는 범위를 계산할 때, 하한 값이 50% 이상이면 당선 확정이라고 생각할 수 있다는 말이다.

그런데 이 출구조사의 오차는 시청률의 실제 범위를 구할 때도 이용한,

$$p \pm 2\sqrt{\frac{p(1-p)}{n}}$$ 의 범위에 전체의 95%가 포함된다

정규분포가 지닌 특징에서 계산한 것이다.

이 식의 $p(1-p)$라는 부분에 집중해보자.

p가 A의 득표율, $1-p$은 B의 득표율을 나타낸다고 했다.

또 p는 확률을 나타내므로 1보다 커지지 않는다. 이 출구조사는 이항분포이므로 A의 득표율과 B의 득표율의 합은 반드시 1이 된다.

위의 내용을 고려하며 생각해보자.

$p(1-p)$의 값이 가장 커질 때의 p값은 무엇일까?

$p(1-p)$ 값이 가장 커진다는 것은 표준편차가 가장 커진다는 뜻이다.

표준편차를 구하는 식의 분모인 $n = 1000$은 이 출구조사에서는 변화하지 않는다. 그러므로 분자인 $p(1-p)$가 커지면 표준편차도 커진다.

다시 말해 실제 득표율이 95%인 확률로 포함되는 범위를 정하는

오차가 가장 커진다.

이런 상황을 만들어내는 p는 어떤 값일까?

p와 1 − p가 조건을 충족했을 때 얻을 수 있는 가장 큰 숫자가 무엇인지 생각해야 한다.

답은 p = 0.5이다.

잘 모르겠으면 생각만 하지 말고 종이와 연필로 직접 써보자. 일일이 다 쓰면 번거로우므로 10% 간격을 두고 해보면 도표 55와 같은 결과가 나올 것이다.

[도표 55]

p	1−p	p(1−p)
0.1	0.9	0.09
0.2	0.8	0.16
0.3	0.7	0.21
0.4	0.6	0.24
0.5	0.5	0.25
0.6	0.4	0.24
0.7	0.3	0.21
0.8	0.2	0.16
0.9	0.1	0.09

가장 큰 p(1 − p) 값은 0.25이며 그때의 p값은 0.5이다. A의 출구조사의 득표율이 50%인 경우는 방금 계산했다. 오차는 약 ±3%였다.

여기까지 내용을 보면서 우리는 무엇을 말할 수 있을까?

단 한자리를 차지하기 위한 A와 B의 선거전. 그 선거에 참여한 사람들을 대상으로 한 출구조사에서 어느 한쪽이 54% 이상의 득표율을 얻을 수 있다면 그 사람은 당선 확정이라고 예측할 수 있다.

왜 그럴까?

오차가 아무리 커도 ±3%이기 때문이다.

당선을 확정하는 데 필요한 득표율은 과반수인 51% 이상이다.

즉 출구조사 결과에서 실제 득표율이 약 95%에 포함되는 범위를 계산했을 때, 하한 값이 0.51 이상이라면 당선 확정을 추정할 수 있다.

오차는 최대 ±3%이므로 출구조사의 득표율에서 3%분을 뺀 값이 0.51이면 된다.

이렇게 생각하면, 이 선거에서 승리를 확신할 수 있는 출구조사 득표율의 마지노선은 54%임을 알 수 있다.

같은 식으로 생각해보면 패배의 마지노선도 알 수 있다.

상대에게 과반수의 득표율을 빼앗기면 지기 때문에 자신의 득표율이 49% 이하이면 당선될 가망이 없다.

다시 한번 말하지만, 이 선거에 대한 출구조사 오차는 최대 ±3%이다. 즉 출구조사를 통해 알아낸 득표율이 46% 이하이면 패배가 확정된다.

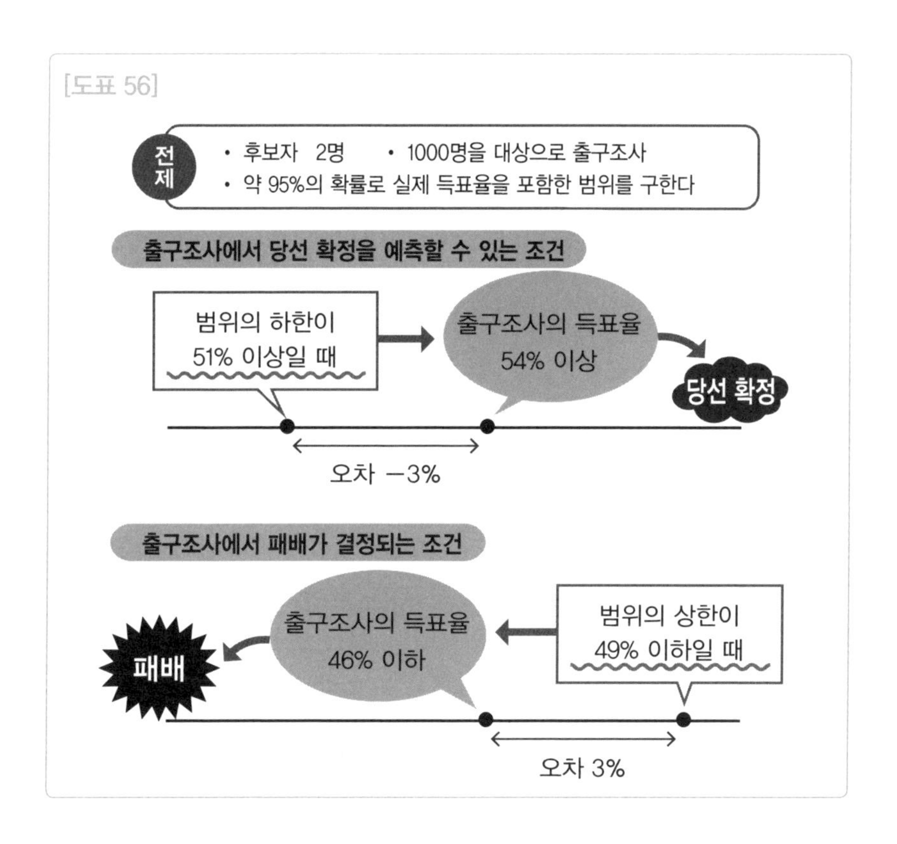

다만, 이것은 '95%'인 상황에 해당하는 이야기다.

만약 약 99%의 확률로 실제 득표율이 포함되는 범위를 구한다면, 최대 ±4.5%의 오차가 된다는 점도 알아두자.

득표율의 범위를 구하는 식에서 표준편차를 2배로 잡은 부분이 3배로 바뀔 뿐이므로 간단히 계산할 수 있다.

1000명에게 행한 출구조사에서 알아낸 득표율이 A는 55%, B는 45%였다면 오후 8시의 개표 뉴스가 시작되자마자 A의 당선 여부가 방송될 것이다.

오차는 최대 ±4.5%이다.

A의 득표율에 최대 오차가 발생한다 해도 하한은 50.5%이다. 또 B의 득표율에 최대 오차가 발생한다 해도 상한은 49.5%에 그친다.

상황이 어떻게 변해도 B는 득표율에서 A를 능가할 수 없다고 예측할 수 있다.

'무작위'가 전제조건이다

출구조사와 통계학에 대해 설명했는데, 중요한 전제조건이 무엇인지 언급하는 것을 깜빡했다.

당연히 출구조사를 의뢰하는 사람은 무작위로 선별해야 한다는 전제조건이다.

무작위여야만 지금까지 설명한 여러 내용이 성립된다.

실제로 출구조사를 완전히 무작위로 행하는가 하면, 사실 좀 의심스럽다.

일단, 젊은 사람이나 여성은 출구조사를 부탁받아도 응하지 않는 경향이 있다.

적극적으로 의사표시를 하는 분은 대개 노인층이다.

결과적으로 출구조사의 샘플은 어르신들이 되기 쉽다.

그리고 최근에는 사전투표를 하는 사람이 늘어났다.

투표 당일에 일이나 휴가 예정이 있어서 시간이 안 되는 사람들이 사전투표를 한다.

사전투표는 보통 출구조사를 하지 않는다.

그뿐 아니라 선거의 향방을 점칠 수 없는 요인은 한둘이 아니다. 예를 들어 선거운동 기간에는 유권자의 강력한 지지를 받아서 1위를 달렸던 사람이, 투표일 직전에 스캔들이 폭로되어 지지율이 급락하기도 한다.

그러면 투표 당일에 실시하는 출구조사 상으로는 이 후보자에게 투표한 사람은 별로 없다고 나올 것이다.

그런데 아직 인기 절정이었던 기간에 사전투표를 한 사람들은 그 후보자를 찍었을 수도 있다.

그러나 사전투표 분은 통상 출구조사를 하지 않으므로 그 점을 반영할 방법이 없다. 이럴 때 출구조사의 득표율과 실제 득표율이 일치하지 않을 가능성이 있다.

지금은 비용 문제 상 사전투표 기간에 투표한 사람들은 따로 조사하지 않는다. 그러나 사전투표 비중이 상당히 커졌으므로 앞으로는 어떤 방법으로든 사전투표 결과를 반영하도록 바뀔지도 모르겠다.

출구조사 결과가 뒤집힌 예로 기억에 남는 것은 2015년 5월 17일, 오사카에서 실시된 주민투표이다.

오사카 시(市)를 여러 개의 특별구로 분할하는 '오사카 도(都) 구상'에 대해 찬반을 묻는 투표였다.

투표일에 실시된 출구조사 결과로는 찬성파가 51.7%, 반대파가 48.3%로 찬성파가 3% 이상 앞섰다. 그러나 방송사는 당선 확정이라는 방송을 자신 있게 내보내지 못했다.

투표 전에 실시했던 여론조사 상에서는 반대파가 앞섰기 때문이었다.

그런데 선거운동 기간 종반에 접어들자 오사카 도 구상을 추진하는 사람들이 분발해서 찬성파가 급격히 증가했다.

출구조사는 그 양태를 반영했다.

그러나 개표 결과 반대파가 찬성파를 누르고, 오사카 도 구성은 부결되었다.

이때 출구조사 결과가 찬성파에게 기운 것은 앞서 말했듯이 사전투표에 관한 출구조사가 없었기 때문일 것이다.

찬성파는 투표일 직전에 기세가 붙었지만 전반에는 반대파가 우세했다.

사전투표를 하러 갔던 유권자들은 아마 반대표를 던진 사람이 많았을 것이다.

또한 이것이 주민투표였던 것도 결과에 영향을 주었을 것이다. 즉, 일반 선거처럼,

"누구를 뽑았습니까?"

"어느 당을 뽑았나요?"

라는 질문이 아니라

"당신은 찬성인가요, 반대인가요?"

라는 질문을 받은 것이다.

인간은 어떤 일에 찬성할 때는 쉽게 입 밖에 내지만 반대할 때는 그 의사를 쉽게 드러내지 않는다.

아마 출구조사에서도 반대파 중에는 조사에 응하지 않았거나 찬성파인 척 한 사람도 있었을 것이다.

반대로 찬성파인 사람은 의사표시를 하기 쉬우므로 기꺼이 조사에 응하지 않았을까?

즉 찬성파인 사람만을 출구조사 대상으로 삼은, 편향된 샘플링이었을 가능성이 있다.

이렇게 출구조사는 언제 어디서나 완벽하게 무작위로 대상을 선별하기 어렵다.

물론 샘플을 1000건이 아니라 1만 건 정도 모았다면 오차 폭이 확실하게 줄어들긴 했을 것이다.

그러나 출구조사 결과가 들어맞는지는 개표가 시작되고 서너 시간이면 알 수 있다.

개표 방송이 시작되고 얼마 안 되어 '당선 확정!'이라는 자막이 나오면,

"벌써 당선이 확정되었다고?!"

라고 놀라는 시청자와 후보들의 일희일비하는 모습이 비쳐진다.

또 2018년 9월 30일에 행해진 오키나와 현 지사 선거를 생각해 보자. 야당이 응원하고 미군기지 이전에 반대하는 다마키 데니와 자민당(여당)의 추천을 받은 사키마 아쓰씨가 출마했다.

종반에는 사키마 아쓰시가 맹추격을 보였다고 보도되었지만 뚜껑을 열어보니 다마키 데니의 압승이었다.

115만 유권자 중 투표율은 63%였고 그중 35%가 태풍의 영향으로 사전투표를 했다.

때로는 출구조사 결과에서 당선이 확실하다고 방송했지만 실제로 개표해보니 그 판단이 틀리는 일이 있다. 후보들은 기가 막힐 노릇이다.

하지만 통계학은 예측이다. 언제든 예측이 어긋날 가능성이 있다.

출구조사를 통해 얻은 데이터의 수명은 대단히 짧으며 게다가 잘못되었을 수도 있다. 그런 출구조사에 막대한 비용을 들이는 것은 합리적이지 않다.

그래서 보도기관은 1만 건의 샘플을 모으지 않는다.

솔직히 그렇게까지 할 필요는 없다고 생각하기 때문이다.

몇 시간만 기다리면 개표라는 이름의 전수 조사를 해주는 사람들이 확실한 결과를 알려준다.

물론 투표를 한 뒤에도 여전히 뜨거운 분위기를 유지하며 당선 확정이냐 아니냐, 그 경위를 사람들이 지켜보게 하는 데 출구조사의 결과가 한몫하는 측면은 있다.

통계학을 배우기만 하고 끝이면 안 된다

지금까지 시청률과 출구조사의 원리를 알아보았다.

이 세상의 수수께끼 중 하나가 통계학으로 해명되었다. 시청률이나 출구조사에 통계학을 이용한다는 점을 이미 알고 있었던 사람도 있을 것이다.

그러나 그 사실을 아는 것과 통계학을 이해하는 것은 전혀 다른 이야기다. 독자 여러분은 이제 그 점을 알았을 것이다.

통계학을 배우는 것은 즐겁다. 그러나 그 상태에서 끝이라면 너무 아깝다.

앞으로 우리는 통계학에 관한 지식을 이용해 사물을 바라보아야 한다.

여론조사나 정부 지지율, 자동차보험, 벚꽃 개화예보, 평균 수명, 야구선수의 타율, 경기동향지수 등 이 세상에는 통계학이 알려주는 것이 셀 수 없이 많다.

통계학을 배웠으니 끝이 아니라 앞으로도 일상생활에서 통계학을 활용해서 통계학과의 인연을 이어나가기를 바란다.

후기

우리는 아직 통계학의 문 앞에 있다

나는 수학을 좋아한다.

수학 문제가 풀렸을 때 느끼는 짜릿한 쾌감이 좋다.

이 세상의 원리와 돈의 흐름, 사람들의 행동을 숫자와 공식으로 표현할 수 있다.

수학은 즐겁고 아름다운 분야다.

하지만 세상에는 수학을 싫어하는 사람이 많다. 공식을 보면 지레 겁을 먹고 숫자가 나열되면 '하나도 모르겠다'고 말한다. 그렇게 숫자를 싫어하는 사람들이 통계학에 대해 알고 싶을 때, 무엇을 어떻게 전하면 통계학 일부라도 알게 할 수 있을지 고민하면서 이 책을 썼다.

숫자를 보고 의욕을 잃지 않도록 공식을 이해할 수 없어서 통계학 배우기를 포기하지 않도록 정말 하나하나 곱씹어가며 설명했다. 독자 여러분의 정신을 어지럽히는 수학적 표현이나 기호도 최소한도로 기재했다.

이 책을 다 읽은 여러분은 지금 통계학이라는 학문의 문 앞에서

문고리를 잡고 서 있는 상황이다. 아직 우리는 입구에 있는 것이다.

그 문을 열면 미지의 세계를 예측하거나 아직 보이지 않는 미래를 상정할 수 있는, 아름다운 세상이 펼쳐진다. 그러나 그 아름다움을 이해하려면 수학을 알아야 한다.

수학과 마주할 각오가 있다면, 그 문을 열고 들어가자. 좌절할 때도 많겠지만 그래도 얻는 것이 있을 것이다.

각오가 서지 않는다면 여기까지만 하자.
그래도 충분하다.

나는 '이유를 모르겠다'며 포기하는 것을 좋아하지 않는다.
하지만 수학만큼은 예외다. 모르는 사람은 모르기 때문이다.
수학은 어느 정도 재능이 필요한 분야이다.
'모르겠다'는 현실을 받아들이는 것도 중요하다.

외우려고 하는 것은 이해하지 못해서

하지만 그래도 이 책의 내용만큼은 제대로 이해하자.
수학을 잘못하는 사람도 알 수 있도록 썼으니 가능할 것이다.

그런데 오해하지 말자.
나는 이렇게 말하는 것이 아니다.

'평균값의 공식을 외워라.'
'분산 공식을 외워라.'

공식은 외우지 않아도 된다.
그 대신 공식을 이해해야 한다.

히스토그램, 평균값, 분산, 표준편차, 정규분포, 이항분포, 중심극한정리…….

이 책에는 여러 가지 통계학 용어가 등장했지만, 그것을 외우지 못하겠으면 잊어버려도 된다. 사실 통계학, 나아가 수학 공식이나 용어는 일상생활과 전혀 상관이 없으므로 시간이 지나면 당연히 잊어버린다. 잊어버릴 줄 알면서도 그래도 외우려고 하는 사람은 내용을 이해하지 못하니까 통째로 외우려는 것뿐이다.

그 모습이 얼마나 어리석은지 깨닫지 못한다.

이것은 사실 생각하지 않는 행위나 마찬가지인데 말이다.

생각하는 능력은 기억력과 다르다.
기억은 시간이 지날수록 희미해지지만 생각은 우리가 살아있는 한 영구히 이어진다.
특히 수학적 사고는 보편적이고 우리 생활에 널리 적용할 수 있다.

수집한 데이터를 분석할 때 '분산'이라는 전문용어가 나오지 않아

도, 공식을 잊어버렸어도,

'평균에서 벗어난 데이터가 많으면 데이터는 들쭉날쭉 퍼진 모양이 된다'라고 이해하면 된다. 그것을 이해하면 '데이터와 평균값의 차이'가 데이터가 퍼진 정도를 생각할 때 필요한 요소라는 점도 알 수 있다.

생각하면 된다.
적어봐야 알 수 있다면, 적어보면 된다.

이 책에서 여러 번 '직접 써보면 된다'고 한 것은 종이에 적으면 이해할 수 있기 때문이다.

공식을 통째로 외우기 위해서가 아니다.

자기 머리로 통계학을 생각한다

통계학은 우리 주변에 알게 모르게 활용되는 학문이다.

나는 알고 있지만 독자 여러분은 눈치채지 못한 것뿐이다. 통계학에 관한 지식이 있으면 알 수 있지만 없으면 알 수가 없다.

이 책을 다 읽은 여러분은 이미 통계학을 어느 정도 이해한 상태이다.

나는 이 책을 통해 통계의 첫걸음 중 첫걸음이라는 아무도 시도하지 않은 일에 도전했다.

통계학 입문서를 읽었지만 여전히 잘 모르겠다는 사람을 대상으로 쓴 책이다.

이 책에 나오는 지식을 자신의 피와 살로 만들려면 직접 해보는 것이 가장 좋은 방법이다.

통계학을 책 속에 있는 지식으로 끝내지 않고 직접 데이터를 수집하고 도수분포표로 정리해서 히스토그램을 그리고 평균값과 분산을 구한 다음 정규분포 그래프를 그려보자.

최근에는 엑셀로도 통계 분석을 할 수 있다. 완벽하진 않지만 큰 문제는 없다.

무엇보다 순식간에 복잡한 계산을 할 수 있다는 강점이 있다.

데이터는 쉽게 수집할 수 있다.

주사위나 동전을 던지면 된다. 그렇게 해서 수집한 데이터는 이항분포를 이룬다.

그러니 반드시 직접 데이터를 만들어서 통계학적으로 접근해보자.

요즘에는 자료(데이터)를 엑셀 형식으로 내려 받을 수 있는 사이트도 꽤 있다.

예를 들어 각국의 통계부서나 국제기관 사이트에 들어가면 다양한 자료를 구할 수 있다.

나는 분석을 할 때 이 데이터를 즐겨 이용한다.

대학의 강의 리포트도 그 사이트에서 데이터를 다운로드해서 그림을 만드는 과제를 내기도 한다.

그렇게 좋은 데이터를 활용하지 않는 것은 참 아까운 일이다.

그냥 **책만 보는 것과 본인의 머리와 몸을 써서 직접 해보는 것은 하늘과 땅 차이이다. 직접 해봐야 훨씬 많이 발견하고 깨달을 수 있다.**

통계학을 적극적으로 이용해보자.

아는 데서 끝내지 않고 내 것으로 만들어서 활용하자. 여러분이 그렇게 할 수 있기를 진심으로 바란다.

다카하시 요이치

통계학 超초입문

1판 1쇄 발행 2020년 1월 3일

지은이 다카하시 요이치
옮긴이 오시연

발행인 최봉규
발행처 지상사(청홍)
출판등록 제2017-000075호
등록일자 2002. 8. 23.
주소 서울특별시 용산구 효창원로64길 6 일진빌딩 2층
우편번호 04317
전화번호 02)3453-6111 팩시밀리 02)3452-1440
홈페이지 www.jisangsa.co.kr
이메일 jhj-9020@hanmail.net

한국어판 출판권 ⓒ 지상사(청홍), 2020
ISBN 978-89-6502-289-3 03410

이 도서의 국립중앙도서관 출판시도서목록(CIP)은 e-CIP홈페이지(http://www.nl.go.kr/ecip)와 국가자료공동목록시스템(http://www.nl.go.kr/kolisnet)에서 이용하실 수 있습니다.
(CIP제어번호: CIP2019046881)

*잘못 만들어진 책은 구입처에서 교환해 드리며, 책값은 뒤표지에 있습니다.

세상에서 가장 쉬운 통계학 입문

고지마 히로유키 | 박주영

이 책은 복잡한 공식과 기호는 하나도 사용하지 않고 사칙연산과 제곱, 루트 등 중학교 기초수학만으로 통계학의 기초를 확실히 잡아준다. 마케팅을 위한 데이터 분석, 금융상품의 리스크와 수익률 분석, 주식과 환율의 변동률 분석 등 쏟아지는 데이터…

값 12,800원 신국판(153*224) 240쪽

ISBN 978-89-90994-00-4 2009/12 발행

세상에서 가장 쉬운 베이즈통계학 입문

고지마 히로유키 | 장은정

베이즈통계는 인터넷의 보급과 맞물려 비즈니스에 활용되고 있다. 인터넷에서는 고객의 구매 행동이나 검색 행동 이력이 자동으로 수집되는데, 그로부터 고객의 '타입'을 추정하려면 전통적인 통계학보다 베이즈통계를 활용하는 편이 압도적으로 뛰어나기 때문이다.

값 15,500원 신국판(153*224) 300쪽

ISBN 978-89-6502-271-8 2017/4 발행

만화로 아주 쉽게 배우는 통계학

고지마 히로유키 | 오시연

비즈니스에서 통계학은 필수 항목으로 자리 잡았다. 그 배경에는 시장 동향을 과학적으로 판단하기 위해 비즈니스에 마케팅 기법을 도입한 미국 기업들이 많다. 마케팅은 소비자의 선호를 파악하는 것이 가장 중요하다. 마케터는 통계학을 이용하여 시장조사 한다.

값 15,000원 국판(148*210) 256쪽

ISBN 978-89-6502-281-7 2018/2 발행

알기 쉬운 설명의 규칙

고구레 다이치 | 황미숙

실천 트레이닝을 포함해 '알기 쉬운 설명'을 위한 규칙에 대해 소개하고 있다. 이 규칙대로만 실행한다면 자신이 전달하고자 하는 바를 상대방이 누구든, 또 어떤 내용이든 알기 쉽게 전달할 수 있을 것이다. 자사 상품을 고객에게 더 잘 이해시킬 수 있다.

값 13,500원 사륙판(128*188) 244쪽
ISBN 978-89-6502-284-8 2018/7 발행

자기긍정감이 낮은 당신을 곧바로 바꾸는 방법

오시마 노부요리 | 정지영

자기긍정감이 높은 사람과 낮은 사람의 특징을 설명하고, 손쉽게 자기긍정감을 올려서 바람직한 생활을 할 수 있는 방법을 소개하고자 한다. 이 책을 읽고 나면 지금까지 해온 고민의 바탕에 낮은 자기긍정감이 있다는 사실을 알고 모두 눈이 번쩍 뜨일 것이다.

값 12,800원 사륙판(128*188) 212쪽
ISBN 978-89-6502-286-2 2019/2 발행

돈 잘 버는 사장의 24시간 365일

고야마 노보루 | 이지현

흑자를 내는 사장, 적자를 내는 사장, 열심히 노력하는 직원, 뒤에서 묵묵히 지원하는 직원, 일을 잘하는 사람, 일을 못하는 사람 등 누구에게나 하루에 주어진 시간은 '24시간'이다. 이 책이 중소기업의 생산성을 높이는 데, 조금이나마 도움이 된다면 더 큰 바람은 없을 것이다.

값 14,500원 국판(148*210) 208쪽
ISBN 978-89-6502-288-6 2019/8 발행